U0370526

海河流域典型河口湿地
水质-水文-食物网耦合模型研究

⊙ 刘静玲 史璇 孟博 等著

化学工业出版社
·北京·

本书针对强人为干扰下海河流域水资源短缺、栖息地恶化和生态系统退化复合型环境问题，如何保障平原河流栖息地完整性这一基础科学问题，以本领域国际最新研究成果和优化整合环境流量保障模型为理论和方法支撑，全面系统地探明海河流域典型河口湿地分布与环境特征。

研究人为胁迫对河口湿地脆弱性的影响机制，确定面向水生态系统健康的生态恢复模式，构建社会、经济、生态和环境协调发展，开展海河流域河口湿地栖息地问题的深层次机理与解决对策的研究，揭示海河流域典型河口脆弱性变化规律。

构建面向海河流域河口栖息地完整性的水文、水质、水生态综合监测及评价方法，对于探索流域尺度河口栖息地保障及恢复具有新的启示和重要的学术价值，有助于提升我国流域河口水环境管理水平，为国家在流域河口湿地生态风险管理方面的需要提供科学依据和技术支撑。

本书可供环境科学、环境工程、生态学、水利学、水资源管理和生态系统管理等相关领域的科学研究工作者、高校教师与研究生以及流域/水环境管理部门的管理者和技术人员作为科研与教学参考书，同时也可作为相关的管理决策者的培训和参考资料。

图书在版编目（CIP）数据

海河流域典型河口湿地水质-水文-食物网耦合模型
研究/刘静玲等著. —北京：化学工业出版社，2018.5
ISBN 978-7-122-31842-8

Ⅰ.①海⋯ Ⅱ.①刘⋯ Ⅲ.①海河-流域-河口-沼泽
化地-水环境-研究 Ⅳ.①X143

中国版本图书馆 CIP 数据核字（2018）第 058894 号

责任编辑：戴燕红　　　　　　　　文字编辑：陈　雨
责任校对：王素芹　　　　　　　　装帧设计：韩　飞

出版发行：化学工业出版社（北京市东城区青年湖南街 13 号　邮政编码 100011）
印　　刷：北京京华铭诚工贸有限公司
装　　订：北京瑞隆泰达装订有限公司
710mm×1000mm　1/16　印张 10½　字数 173 千字
2018 年 7 月北京第 1 版第 1 次印刷

购书咨询：010-64518888（传真：010-64519686）　售后服务：010-64518899
网　　址：http://www.cip.com.cn
凡购买本书，如有缺损质量问题，本社销售中心负责调换。

定　　价：68.00 元　　　　　　　　　　　　　　版权所有　违者必究

前　言

　　河口生态系统位于河流生态系统与海洋生态系统的交汇处，受海陆交互作用影响强烈，生态环境较为敏感脆弱，是流域最后的生态安全屏障，对于流域健康和水环境安全具有重要地位和指示作用。河口生态系统在物质循环、能量流动以及维持系统多样性方面具有无法取代的重要作用。

　　海河流域一共有 31 条河流。目前海河流域河口生态系统已受到营养物质、重金属和持久性有机物质的污染。土地利用、人为干扰下水文情势改变等也不断影响河口湿地的生态完整性。同时，由于河口的管理职权不清，缺乏有效监管，生态系统破坏严重，在人类活动的持续影响下，河口生态系统面临不断增长的风险与挑战。河口生态系统的健康不仅影响到上游河流的健康，也关系到下游海洋的生态系统健康。目前河口生态系统的健康越来越受到人们的重视。

　　本书以具有强人为干扰和复合环境污染为主要特征的海河流域典型河口为研究案例，基于河口水量减少、水质恶化和生态系统退化交互影响的复杂性，以实验室、野外原位生态监测和模拟数据为基础，建立适用于流域、子流域和河口等不同尺度下水生态的风险评价模型，构建水质-水文-食物网综合作用下湿地 AQUATOX-PRFW 模型（APRFW 模型），以水生态系统功能为表征，确定响应路径等级系数，进行水生态风险诊断、评价和不确定性分析，揭示河口水生态风险响应机制；构建了流域湿地初级生产力-呼吸速率-食物网 PRFW 概念模型，结合 APRFW 模型揭示不同生态单元净生产力与环境因子关系，探讨海河流域不同湿地净生产力时空变化规律及环境影响机制；应用 T-RFLP（末端限制性片段长度多态性分析技术）分析河口细菌群落的分布与特征，确定水质指标中影响细菌群落特征的主要影响因子；基于河口生态系统营养物质、重金属、多环芳烃的污染特征和生物膜的时空分布特征，通过冗余明确影响生物膜群落的主要环境因子，并建立基于生物膜的生物完整性指数，为预测和评估环境因子对湿地生态系统的干扰提供理论基础，并在此基础上进一步制定流域生态恢复措施，为海河流域河口湿地的保护及修复提供决策支持。

　　全书共分为七章，第一章指出了海河流域河口水环境与水污染现状，以及生态环境不断恶化的问题，为高强度人类活动干扰的河口水环境风险评价研究奠定基础；第二章从流域角度，通过分析流域生态风险时空分布差异，确定高风险研究区；第三章对典型河口不同介质污染物的污染指数进行了分析；第四章研究了水质对于海河流域典型河口细菌的群落特征的影响；第五章建立了生物膜完整性指数，基于其对环境因子的响应，对海河流域河口健康进行了评价；第六章构建了水质、水量及食物网综合作用下的湿地AQUATOX-PRFW模型，应用该模型，评估了海河干流河口湿地生态系统功能，辨识了影响湿地净生产力的主要环境因子，探索了河口湿地净生产力时空变化规律及环境影响机制；第七章对研究进行了总结，并依据研究结论进行了展望。

本书写作分工如下。

第1章：刘静玲　孙斌　孟博

第2章：陈秋颖　刘静玲　史璇

第3章：刘丰　史璇　刘静玲

第4章：郎思思　刘静玲　孟博

第5章：刘静玲　刘丰　史璇

第6章：刘静玲　闫金霞　史璇

第7章：刘静玲　孟博　孙斌

统　稿：刘静玲　史璇　孟博　孙斌

本书在写作过程中得到北京师范大学环境学院杨志峰院士和崔保山教授、香港大学顾继东教授、香港公开大学何建宗教授的大力支持和真诚帮助！化学工业出版社为本书的出版付出了辛勤的努力，在此一并表达我们衷心的谢意！

本书研究成果以国家自然科学基金"河口水生态风险响应机制"（项目号：41271496）为依托，在长期的研究过程中，我们克服了科研之路的重重困难并取得了可喜的成果。在此过程中，北京师范大学环境学院的科研团队及众多专家对我们的研究都给予了肯定与支持。经过夜以继日的集体奋战，让我们不仅能够进行科学交流与创新，更为我国河口生态系统恢复与管理提供了科学依据及技术支撑。

衷心希望我们阶段性的研究成果能够启发和推动河口水环境风险理论、方法与技术的系统研究和创新，应对《巴黎协定》生效和执行背景下中国流域管理面临的挑战，为开发兼顾环境科学、生态学、海洋科学、水力学、社会学和管理学的风险评估系统提供新思路，为蓝色海岸恢复与重建贡献力量。

著者
2018 年 5 月

目　录

第 1 章

绪　　论

1.1　背景与意义

　　河口是河流的终段，是河流和受水体的结合区域。河口细分为入海河口、入湖河口、入库河口以及支流河口等不同类型。河口与海洋连通，影响着近海水域。河口生态系统是四大圈层交汇区域，物理、化学、生物、地质作用均非常强烈，具有独特的生态过渡带环境特征和重要的生态系统服务功能，其特性直接影响到河流终段和近海水域的生态环境，河口也因此成为相对比较脆弱的生态系统（孙涛和杨志峰，2005）。同时，河口生态系统对气候等自然环境变化和人类活动干扰也最为敏感。河口生态系统丰富的生物资源和便利的交通条件使其成为人类活动最频繁的地带，全球的河口区域集中了地球上 50％以上的人口，并且这个比例一直在不断增长（N. Gómez 等，2012）。在人类发展活动的持续影响下，河口生态系统面临着不断的强烈变化，其中包括物理性质和化学性质的改变、栖息地的破坏以及生物多样性的变化等（Halpern 等，2007；Halpern 等，2008）。河口生态系统是河流的通道，河流携带有大量细颗粒泥沙，细粒泥沙具有较强的吸附能力，不仅为河口区域带来了大量的营养物质，同时也携带了河流上游的污染物质。随着河口地区人口的增长、各种经济和水利设施建设活动的开展，人类活动对河口生态系统的影响已经越来越深刻，改变了其物质循环、能量流动和信息传递的固有渠道与耦合关系，使得生态系统的结构和功能严重受损，加剧了生态环境的恶化。虽然河口可以通过各种物理、化学、生物途径降解部分污染物，但这种自净作用是有限的，当进入河口的污染物超过了其自净能力时，就会对河口生态系统产生负面效应。根据 Halpern 等的研究，全球约 41％的海域，特别是河口生态系统，已经受到了人类活动的严重干扰（Halpern 等，2008）。近十年来，我国社会经济飞速发展，大量的污染物被不断输送到河口和近海岸生态系统，引起我国大陆 18000km 海岸带和河口生态系统受到部分或重度污染。

　　海河流域河口全部位于环渤海湾区域，研究发现环渤海湾区域大部分河口（黄河河口、海河干流河口、辽河河口等）水质及河口沉积物处于中度或严重的污染状态，其中重金属与有机污染物（烃类、胺类、酚类、农药类等）超标显著（孟伟等，2004）。对渤海主要河口的污染物研究发现环渤海湾区域各河口的主要污染物是石油类污染物，其次为营养盐。环渤海湾区域的主要河口富营养化现象非常严重（张龙军等，2007）。通过对海河流域典型河口的研究得出滦河河口主要受水体多环芳烃的污染；海河干流河口主要受营养物质、沉积物重金属和水体多环芳烃的污染；漳卫新河河口主要受沉积物重金属和水体多环芳烃的污染，且夏季污染程度高于春季。根据《2014年中国海洋环境状况公报》公布的信息，受滦河径流量和输沙量大幅减少的影响，滦河口湿地面积不断萎缩。环渤海湾区域河流水质较差，海河、蓟运河、永定新河、潮白新河等河流断面水质均为劣 V 类（国家海洋信息中心，2014）。孙培艳等对渤海湾及驴驹河河口营养盐及有机物的研究认为，自 20世纪 80 年代后期，渤海湾整体处于富营养化状态，营养盐和有机污染严重。张龙军等对环渤海主要河流的污染进行调查分析，认为环渤海各河口的首要污染物是石油类，其次为营养盐与高锰酸盐指数，也得出环渤海主要河口富营养化现象非常严重的结论（孙培艳，2007）。张雷等对环渤海潮间带沉积物中重金属的分布特征及污染评价研究认为，其重金属污染以 Cd 为主，局部地区出现很强或极强的生态风险（张雷等，2011）。曹志国等对漳卫新运河多环芳烃的研究认为，其河口地区受到一定的多环芳烃污染（曹治国等，2010）。林秀梅等对渤海表层沉积物中多环芳烃的分布与生态风险评价研究认为，渤海部分地区表层沉积物中的多环芳烃具有较高的生态风险（林秀梅等，2005）。由此可见，目前海河流域各河口综合受到人为干扰较大。

河口生态系统的健康不仅影响到上游河流的健康，也关系到下游海洋的生态系统健康。目前，河口生态系统的健康越来越受到人们的重视。河口生态系统健康评价可以量化退化过程中的人文与自然因素，建立预警机制，为生态系统的恢复与可持续管理提供科学依据（Harris 等，2011）。

生态系统健康评价一般包括指标体系法和指示物种法两种，虽然结构指标相对容易量化和标准化，但由于指标体系法容易受主观因素的影响而使评价结果有所偏差，在较大尺度内，生物群落分布的空间差异会在一定程度上限制它的使用。指示生物法越来越受到人们的重视。常用的指示生物包括鱼类、底栖无脊椎动物和藻类等，最常用的评价方法是生物完整性指数法（index of biological integrity，IBI），例如 Kim 等利用鱼类完整性指数评价了受金矿排水影响的河流生态系统的健康状况（Kim 等，2007）；曹艳霞等应用底栖无脊椎动物完整性指数评价了漓江水系的健康状况（曹艳霞等，2010）。微生物是生态系统中的生产者、消费者，也是分解者，在河口生态系统的物质循环、能量流动以及维持系统多样性与稳定性方面起着动植物均无法取代的重要作用，其组成影响着河口沉积物的功能（Reed，2012）。河口生态系统的海陆交互与物质梯度变化使其具有独特的微生物群落和基因资源。而河口微生物群落的组成会随着河口环境温度、盐度、溶氧量、有机质含量、营养盐浓度等诸多环境因素产生变化（关晓燕等，2012；刘材材等，2009）。

生物膜也称附着生物，一般由细菌、藻类、真菌和微型生物等组成的微生物细胞和糖胺聚糖基质组成的胞外聚合物（extracellular polysaccharide substances，EPS）组成（Marshall，1992），各种生物通过 EPS 黏着到不同的基质上并形成稳定的共生群落。藻类是生物膜中最主要的组成成分，并且具有各种生态偏好的种类，因此其群落结构对于许多有机和无机污染物都十分敏感（Helena 等，2003），可以反映生态系统的各种变化。细菌是生态系统中不可或缺的组成成分，分泌的胞外酶活性变化往往限于细胞数量等的变化，对环境变化有较高的灵敏度和可靠性。概括来说，生物膜的生长发育受到周围生物和非生物环境的影响，可以用来综合表征水生态系统的健康状况。

功能指标（如初级生产力、呼吸速率）具有较低的空间差异，同时具有更高的敏感性，可以将各种生物的差异整合为较少的几个属性指标，便于在较大尺度上进行比较（Pratt 和 Cairns，1996）。生态系统净生产力（net ecosystem productivity，P_n），为总初级生产力（gross primary production，GPP 或 P_g）与生态系统呼吸速率（ecosystem respiration，R_{24} 或 R_e）之差，通过指示生态系统的营养及平衡状况成为表征生态系统整体状态的重要功能性指标（Sarma 等，2009；Young 等，2009；Feio 等，2010；Son 等，2014；孙涛等，2011）。环境变化和人类活动所导致的水量减少、水生境质量退化与水生动植物群落变化等，均对河口湿地净生产力造成显著影响（Aerts 和 Ludwig，1997；Zaiha 等，2015）。

如何有效量化辨识环境因素所导致的水量减少、水生境质量退化等引起的湿地净生产力的变化，是当前水生态系统对环境变化响应研究的热点。对湿地而言，影响净生产力的环境因素较多，主要为水质、水量、生物等因素。水质条件在调节水体初级生产力、呼吸速率时发挥重要作用（Caffrey 等，2014；Yan 等，2014）。水文条件如水量、流速会改变水体的水质状况，影响水生生物资源的种类、数量，进而影响水体初级生产力和群落呼吸速率（Belmara 等，2013；Bruno 等，2014；Shen 等，2015）。季节的变化、生物的摄食作用，对湿地生态系统具有重要意义，但也会影响系统净生产力（Ogdahl 等，2010）。一直以来，浮游植物被认为是初级生产力的最主要贡献者，但在湿地，底栖藻类和大型水生植物的作用不可忽视（Rodríguez 等，2012；Ivanova 等，2014）。

因此，明确海河流域典型河口水环境中主要污染物的分布及污染特征，了解河口微生物时空分布及影响因子，分析生物膜群落各结构、功能指标与环境污染指数的关系，得出基于生物膜的生物完整性指数，综合考虑湿地中浮游植物、底栖藻类和大型水生植物对初级生产力的贡献，以及水质、水量、食物网中种群通过摄食作用对初级生产力和群落呼吸速率的影响，为预测和评估环境因子对湿地生态系统的干扰提供理论基础，并在此基础上进一步制定流域生态恢复措施，为海河流域河口湿地的保护及修复提供决策支持。

1.2 研究进展

1.2.1 河口湿地净生产力研究进展

湿地生态系统初级生产力、呼吸速率和净生产力研究方法较多。20世纪20年代，估算海滨浮游植物的代谢可谓是水生态系统代谢研究方法的先驱，即利用培养瓶中昼夜溶解氧浓度的变化来估算海滨浮游植物的初级生产力和呼吸速率。此后，随着 ^{14}C 的添加及示踪溶解性无机碳变化，采用瓶内培养法测量浮游生物代谢的方法较为普遍。同时，也有学者采用类似的密闭容器培养法测定底栖生物的光合作用和呼吸速率。浮游生物与底栖生物初级生产力或呼吸速率的分别加和，即为整个水生态系统的代谢速率。20世纪50年代，开放水体溶解氧曲线技术在水生态系统代谢研究中获得广泛应用，并持续了30年时间（Odum，1956）。相对瓶内培养法，开放水体溶解氧曲线法克服了由于人工培养引起的误差，它可以原位测量白天光合作用或夜晚呼吸时水柱中溶解氧或溶解性无机碳浓度的变化。20世纪50年代末期，新型、相对便宜且快速灵敏测定溶解氧的传感器的发明，使开放水体溶解氧曲线法迅速地扩大了时空尺度的应用范围。

相对于传统技术，氧同位素技术是一种测定氧变化的新型技术。它通过测量空气中和水中溶解的氧气的同位素组成（$^{16}O_2$，$^{17}O_2$ 和 $^{18}O_2$）、空气和水的氧气交换率来估算水体的初级生产力和呼吸速率，可应用于开放水体和瓶内培养实验。

生态系统净生产力还可通过水生态系统的物理输入和输出，即水生态系统预算进行估算。水生态系统预算可以确定平均净生产力，通过估计输入和输出的剩余流量，包括 TOC 和溶解性无机碳（DIC）、溶解性无机磷（DIP）

或氧气净流量等，对流和扩散混合通过水平衡和盐平衡方程计算。水生态系统预算可以广泛应用于世界上不同时间段的多种水生态系统，均一标准的方法可用于多种生态系统比较分析，以及由于气候变化、营养物负荷和其他干扰引起的生态系统净生产力的反应。

浮游植物初级生产力还可以通过构建模型进行估算研究。Talling（1957）通过深度积分，建立了浮游植物初级生产力的估算方法。Ryther 和 Yentsch（1957）建立了光饱和条件下叶绿素浓度与浮游植物光合作用速率模型。由于传统方法无法实现大面积同步观测，遥感手段和过程模型的结合也成为生态系统净生产力研究的一个重要趋势。Smith 和 Baker（1978）通过遥感手段获取海水的生物光学状态，并利用卫星资料获得的叶绿素浓度数据，建立模型估算海洋初级生产力。Eppley 等（1985）利用叶绿素浓度、海水温度和日照时长建立统计模型，对海洋初级生产力进行估算。

尽管这几种方法在过去几十年间得到发展和应用，但没有单一的方法获得广泛应用的趋势。这几种方法的优缺点见表 1-1。

表 1-1　水生态系统 GPP、R_{24} 和 P_n 常用研究方法优缺点

测定方法	生态单元	时间尺度	优点	缺点
开放水体溶解氧曲线法	河口，湖泊，河流，海洋	日，季度，年	测量所有系统组分；远程数据收集；计算简单；测量精确；采样高频率	气-水流量难以定量；忽略了生物作用；忽略水平和垂直方向不均匀及分层问题；输入过饱和或亚饱和的水
瓶内培养法	河口，湖泊，河流，海洋	小时，日	严格控制；测量精确；能分离系统组分	瓶子限制原位变化；实验室培养误差；难以扩大到生态系统
氧同位素法	河口，湖泊，河流，海洋	日，季度	测量所有系统组分；可测长期或短期速率；方法灵敏	需确定气-水流量；O_2：C 转化率问题；采样强度大，示踪每日 P_g 和 R_{24}
生态系统预算	河口，湖泊，河流，海洋	季度，年	测量所有系统组分；直接计算；大量可利用数据；错误估计	空气-水流量难于定量；O_2：C：DIP 转化率问题；非生物对 PO_4^{3-} 的影响；误差较大；只能计算 P_n

续表

测定方法	生态单元	时间尺度	优点	缺点
模型法	河口，湖泊，河流，海洋，水库	小时，日，月，季度，年	适时、准确计算；多尺度；可测长期或短期速率	没有统一的模型；比较复杂；参数多

从 20 世纪 20 年代开始，水生态系统代谢研究呈现指数增长。据对 350 份水生态系统代谢研究分析后发现（Staehr 等，2012），代谢研究主要集中在北美，美国和加拿大占 68%，一部分在欧洲，占 27%，亚洲的比例很低，不足 6%。这些研究中，1960～1970 年采用开放水体溶解氧曲线法和瓶内培养法测定生态系统净生产力占主导地位，超过 70%，但 2000～2010 年比例有所下降，新技术与方法所占比例有所增加［图 1-1（a）］。对于研究内容，大部分研究讲述生态系统碳平衡，其次是初级生产力和呼吸速率的日、月及年际变化，2000～2010 年构建模型研究比例有所提高，但在整体中所占比例仍然较低，低于 5%［图 1-1（b）］。构建模型用于修正测定过程中由于水扰动作用、非现场光源、被 ^{14}C 标记的有机物的呼吸作用、摄食者群落的改变等因素引起的初级生产力估算偏差，并逐渐成为水生态系统净生产力研究的重要方向。

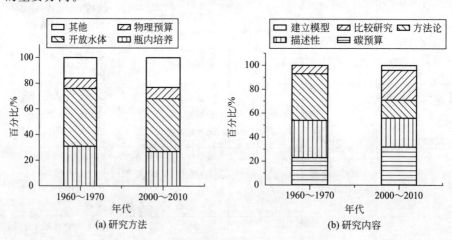

图 1-1　1960～1970 年与 2000～2010 年水生态系统净生产力研究比例

（a）计算生态系统净生产力的方法；（b）测量生态系统净生产力碳预算，指致力于生态系统碳平衡的研究；描述性研究指描述每日、每季或每年生产力和呼吸速率的变化研究；方法论指关注生态系统净生产力发展的新术研究；比较研究指比较不同类型水生态系统代谢研究

1.2.2　生态模型应用于湿地净生产力研究进展

生态模型有着完整的理论框架，结构严谨，能从机理上对生物的物理过程以及影响因子进行分析和模拟，因而更能揭示生物生产过程以及与环境相互作用的机制，较为准确地估算生态系统净生产力。

20 世纪 60 年代初期，针对世界上一些主要生态系统的物质循环和净生产力，自国际生物圈计划（IBP）开始，大规模开展了许多观测和实验，并建立了大量模型，用系统分析的手段进行了生态系统功能过程的研究（于贵瑞，2003）。20 世纪 70 年代初，德国学者 Leith（1975）首次估算出全球净初级生产力值。随后的人与生物圈计划（MAB）和国际地圈-生物圈计划（IGBP）也一直把净生产力的研究作为生态学研究的热点。伴随着 IBP、MAB 和 IGBP 计划的推动，全球开展了大量长期定位观测和模型模拟研究，而且研究手段不断完善和创新，空间尺度从个体、斑块尺度扩展到景观、区域乃至全球尺度（Melillo 等，1993；Potter 等，1999；Zhang 等，2009）。

国外部分学者最初通过建立植物初级生产力与物理参数间的关系进行水生态系统初级生产力的推算。如 Martin 和 Raymond（1986）基于温度、光、叶绿素、TN 和 TP 构建简单模型，估算美国密歇根湖初级生产力。Patterson（1991）用模型预测了光、风速等环境因素对湖泊混合层初级生产力的影响。Toshiya 等（1998）根据浮游植物、营养物和有机碎屑三者间关系，构建了低营养水平生态系统初级生产力模型，并估算了日本濑户内海的初级生产力。在东南澳大利亚洪泛湿地，Tsuyoshi 等（2013）通过测定浮游植物总初级生产力和呼吸速率，经过多元统计分析，建立了预测模型分析 P_g 和 P_n 与环境参数的相关性变化。Tang 等（2015）用溶解氧动力学模型与水生态系统净生产力模型耦合模拟了黄河河口净生产力的变化。这些模型可用于潮汐、风、流速等引起的溶解氧水平扩散和混合、再曝气系数和代谢特征的估算，以及不确定分析的评估等，并逐渐成为一个重要的研究方向。

一直以来，浮游植物被认为是最主要的初级生产者，但有时其他水生植物对初级生产力的贡献不能忽视，如湿地，由于水深较浅，底栖藻类初级生产旺盛，其初级生产力甚至超过了同水柱水体浮游植物的初级生产力（Guarini 等，1998；Serodio 和 Catarino，2000）。同时在水生态系统中，消费者的存在也会影响植物生物量，以及通过一系列间接作用影响初级生产力（Downing 和 Leibold，2002；Van Ginkel 等，2015）。Finke 和 Denno

(2005)在一个设计精密的实验中，通过一个盐沼食物网研究消费者物种丰富度与营养级组成间的相互作用对生态系统功能的影响，例如对消费者的控制程度和对初级生产力的影响程度，研究发现，由于营养级联效应，消费者比例的大小对植物初级生产力影响显著。此外，Nico K 等（1999）在欧洲易北河、西斯海尔德水道和吉伦特三个河口研究后发现，与浮游植物初级生产力相比，浮游细菌生产力也较高。Vadeboncoeur 等（2001）研究也表明，细菌（包括浮游细菌和底栖细菌）有较高生产力。因此，在湿地中，仅通过浮游植物与环境因素建立的简单模型来计算生态系统初级生产力是不全面的。基于食物网观点，浮游植物、底栖藻类、大型水生植物及其他水生动物与环境因素建立的模型则能较为全面、准确地反映湿地初级生产力，进而准确计算系统净生产力。

我国对生态系统净生产力的研究起步较晚。20 世纪 70 年代开始，国内开展和完成了陆地生态系统生产力的测定和研究工作。20 世纪 80 年代中期，国内学者才开始利用净初级生产力模型估算我国植物初级生产力分布状况，但研究集中于陆地生态系统。如张宪洲（1993）、周广胜（1993）等分别利用统计模型完成了植物 NPP 的估算，何勇（2005）、高艳妮（2012）等利用过程模型对中国陆地生态系统生产力进行模拟。最近十几年来，水生态系统生产力模型研究得以较快发展，但主要基于植物初级生产力与物理参数间的关系进行水生态系统初级生产力的估算。如张运林等（2008）利用实测的叶绿素 a 浓度、真光层深度、水下光合有效辐射强度、由水温计算得到的最佳固碳速率以及由经纬度计算的日照周期等，在垂向归纳模型（VGPM）的支持下估算了太湖秋季浮游植物初级生产力。曾台衡（2011）综合考虑了水温、光合有效辐射、湖泊叶绿素浓度和真光层深度等因素，用 VGPM 模型和 Talling 模型综合模拟长江中下游水柱初级生产力。徐昔保（2011）通过野外生物量采样、调整最大光能利用率参数及改进 CASA 模型，结合1980 年、2000 年、2005 年和 2007 年四期土地利用数据，模拟太湖流域2000～2007 年净初级生产力时空变化。毛德华（2014）基于 MODIS 遥感数据产品和 CASA 模型基本结构式等，估算和分析东北地区沼泽湿地植被实际净初级生产力和潜在净初级生产力。而基于食物网模型进行水生态系统净生产力研究的文献报道较少。

食物网是指生态系统中生物间通过摄食关系构成的复杂网状营养关联，是现代生态学的核心内容之一（Post 等，2002）。目前，基于食物网应用较多的生态动力学模型有 Ecopath、CATS、CAEDYM 和 AQUATOX。

Ecopath模型用来模拟生态系统内各功能组能量流动效率和营养结构，如 Bradford-Grieve等（2003）用 Ecopath 模型对新西兰南部海域进行研究，发现浮游植物初级生产力较低，生态系统中能量流动受到浮游生物的影响，第二营养级和第四营养级生物的营养转化效率达到 23%。CATS 模型模拟污染物在食物网中的累积并进行生态风险评价，为荷兰 Traas 等开发（Traas 等，1996，1998，2001）。CAEDYM 由澳大利亚西澳大学水研究中心开发，能够模拟多种金属元素、非金属元素、无机悬浮颗粒和藻类的动力学过程（Mooij 等，2010；陈彧等，2010）；将 CAEDYM 模型与其他模型结合能够更好地对湖泊的生态系统进行模拟（Menshutkin 等，2014；Schwalb 等，2015）。此外，也有一些学者构建简单食物网模型计算生态系统净生产力。Green 等（2006）运用营养网络模型计算密西西比河缺氧时生态系统代谢和有机碳转移的季节变化；Soetaert 和 Herman（1995）基于浮游硅藻、底栖硅藻、鞭毛虫、浮游动物、底栖动物和有机碎屑构建 MOSES 模型，模拟荷兰西斯海尔德水道河口自养生物生产力和异养生物呼吸速率。Lars Håkanson 等（2002a，2005）构建湖泊食物网模型研究营养物浓度变化对初级生产力、次级生产力的影响，以及对鱼类生产力和生物量的影响。AQUATOX 模型，美国 EPA 开发，它以友好的界面和强大的功能对水生生态系统进行模型化计算，模拟多个环境因素（包括物理、化学、生物）以及它们对藻类、大型植物、无脊椎动物、鱼类群落甚至整个生态系统的影响，并且可以模拟计算生态系统净生产力。

　　AQUATOX 水生态系统模型可以帮助识别和理解水质、物理环境、水生生物之间的关系。AQUATOX 模型驱动变量包括入流水量、温度、pH、光、风等物理因素，状态变量包括生物体、碎屑成分等生物因素及营养盐、溶解氧、毒物等化学因素。模型内设 5 个参数库：动物库、植物库、化学物质库、场所库和矿化库，使用者可以根据具体研究对象选择。动物库模拟鱼类和无脊椎动物参数，包括动物名称、毒性记录、种属分类等。植物库模拟藻类和大型植物参数，包括植物名称、毒性记录、种属分类等。化学物质库模拟相关的有机化合物参数，包括化学物质名称、化学物质特性和归宿数据。场所库模拟特定水体参数，场所数据：最大长度（或范围）、容积、表面积、平均深度、最大深度、年平均蒸发量、温跃层平均温度、温跃层温度范围等。矿化库记录场所碎屑和营养物参数，大多数不会随场所而改变。较之过去的 Release 1 和 Release 2 版本，AQUATOX 3.1 和 AQUATOX 3.1 PLUS 更加完善。2012 年，AQUATOX 3.1 升级了毒理回归数据，增加了沉积物稳定状态诊断模型，提高了敏感性和不确定性分析，采用效果图可以显示一个参数的改变对整个模拟的影响，增加了总初级生产力和群落呼吸速率等输出结果。AQUATOX 3.1 PLUS 可以自动计算最大呼吸速率，输出浮游生物量、底栖无脊椎动物生物量、鱼类生物量等指标。AQUATOX 3.1 PLUS 不仅可以模拟藻类、大型植物、无脊椎动物及鱼类生物量等结构性指标，还可以模拟水生态系统生产力等功能性指标；该模型不仅可以模拟实验围格、溪流、湖泊、水库等系统，而且还可以应用在河口海岸。因此，基于食物网概念，AQUATOX 3.1 PLUS 能较全面完整地反映水量、水质对水生态系统的综合影响。

AQUATOX 模型多用来模拟过去、现在和未来的各种因素对水生态系统的影响或进行生态风险评估。Rashleigh（2009）以美国南卡罗莱纳州一湖泊为例，用 AQUATOX 模型研究了多氯联苯（PCBs）在食物链中的生物富集情况。Morkoç 等（2009）研究营养物质对湖泊水质的影响，并用 AQUATOX 模型模拟 3 种不同情景下湖泊营养物质及水生植物变化情况。Bilaletdin 等（2011）采用 AQUATOX 模型对湖泊生态动力学进行模拟，并分析了湖泊的污染负荷和富营养化状况。Taner 等（2011）将 HSPF 与 AQUATOX 模型耦合，建立了气候变化对湖泊潜在影响的大体框架。Scholz-Starke 等（2013）应用 AQUATOX 模型研究了有机污染物在三峡水库食物链中的生物放大效应。陈无歧（2012）用 AQUAOX 构建洱海水生态模型，并对洱海富营养化投入响应关系开展模拟研究。食物网分析是生态风险评价的重要组成部分（Damian 和 Robert，2008）。Rashleigh（2003）基于 AQUATOX 模型对美国北卡罗来纳州溪流进行了生态风险评价。Zhang 等（2013，2014）采用 AQUATOX 模型对中国白洋淀湖泊 PCBs 生态风险进行评价。Andrea 等（2015）采用 AQUATOX 模型研究阴离子表面活性剂烷基苯磺酸盐和抗菌剂三氯生对河流生态系统的影响，并进行生态风险评价。

综合上述内容，基于食物网与环境因子构建模型进行水生态系统净生产力研究，综合考虑湿地中浮游植物、底栖藻类和大型水生植物对初级生产力的贡献，以及水质、水量、食物网中种群通过牧食作用对初级生产力和群落呼吸速率的影响，对湿地生态系统功能评估具有重要意义。

1.2.3 基于生物膜群落的水生态风险评价

重金属和多环芳烃都属于难降解污染物，并且可以通过食物链在生物体内积累,可以干扰生物体内正常的生化反应,属于有毒有害污染物质。大量的研究表明,在受重金属污染的水体中,其中水体中的重金属含量很小,并且随着污染物排放状况与水力学条件的变化而变化,其随机性很大,规律性较差;相对而言,沉积物中的重金属含量比水体中高很多倍,并且有一个积累的过程,比较稳定,可以表现出较明显的规律。同样,多环芳烃由于其较低的水溶性,绝大部分迅速地结合到悬浮物和沉积物中,当水体的搬运能力低于其负荷时,便在沉积物中产生积累,并通过食物链有放大效应。而河口沉积物既是这些难溶性污染物的汇,也是其污染的源。因此,对这些难溶性污染物的评价一般在沉积物中开展得较多,同时对水体和沉积物中的污染物进行评价的研究较少。

海河流域对营养物质、重金属、持久性有机污染的研究多是针对河流和渤海湾海域的,对河流与海洋的交汇处河口却研究甚少。目前对河口重金属污染评价应用较多的方法主要有地质累积指数法、潜在生态危害指数法、沉积物质量基准法、综合污染指数法等。这些评价方法的核心就是需要确定每个评价因子的评价标准和权重,因为评价目的有所侧重,所以评价标准和权重的确定有所不同。例如 Nobi 等利用地质积累指数法评价了印第安安达曼群岛海岸生态系统表层沉积物中重金属的污染状况;Bai 等利用美国 EPA 推荐的沉积物质量标准(sediment quality guidelines,SQGs)评价了珠江口沉积物中重金属的污染情况;杨永强等根据中国海洋沉积物质量标准(GB 18668—2002)评价了珠江口及近海岸沉积物中重金属的污染情况;邱耀文等根据美国国家海洋与大气管理局推荐的海水和沉积物中重金属生物急性和慢性安全浓度标准,评价了大亚湾水体和沉积物中重金属的污染情况。但是这些评价标准针对评价因子的种类和个数均不一样,例如中国海洋沉积物质量标准中只规定了 Hg、Cd、Pb、Zn、Cu、Cr、As 7 种重金属的标准;美国国家海洋与大气管理局推荐的沉积物重金属生物效应阈值仅规定了 As、Cd、Cr、Cu、Li、Hg、Ni、Ag、Zn 9 种重金属的阈值浓度。因此,由于部分重金属评价标准的缺失,导致部分重金属无法参与评价。对于多环芳烃的评价研究也是如此,例如邱耀文等依据加拿大和美国佛罗里达州的海洋和河口沉积物化学品风险评价标准评价了大亚湾沉积物中 11 种多环芳烃的污染情况;周俊丽等依据 Long 等提出的海洋和河口表层沉积物中多环芳烃标准评价了长江口 11 种多环芳烃。但是美国 EPA 提出的优先控制的多环芳烃有 16 种,部分多环芳烃单体由于评价标准的缺失而得不到评价。

生物膜是一个复杂的群落,可以反映各种污染物的效应,包括农药、化肥、杀虫剂、除草剂、重金属（Cd、Cr、As、Hg、Zn、Cu、Pb、Se）、石油类、多环芳烃等等，因此生物膜被认为是可靠的水环境指示生物，特别是对环境中有毒有害的危险物质有良好的指示作用。生物膜刚开始的研究倾向于室内控制实验，对生物膜群落对各种污染物的响应进行研究，例如 Lawrence 等通过室内实验发现金属 Ni 可以明显减少蓝绿细菌的数量，并对光合作用产生抑制效果；Fang 等通过实验发现磷可以促进生物膜的生长。随后开始室内研究，研究多种污染物多生物膜的联合效应，例如 Ivorra 等通过室内研究认为重金属可以减少藻类的生物量，但是磷对生物膜生长的促进作用会对重金属造成的毒性效用有一定的补充作用。但是自然界的真实情况并不是只有单一或者少数几种污染物，而且复合污染的效应通常并不是单因子产生效应的简单相加，还可能有拮抗或协同作用产生，因此开展了大量的原位暴露实验的研究。例如 Spaenhoff 等通过对污水处理厂出水对生物膜群落的影响的研究表明，污水处理厂的出水会使生物膜中耐污种增加，细菌丰富度增加，叶绿素 a 的含量减少；Carlos 等通过对西班牙一个海洋渔场水质及人工基质生物膜的生物量和各种元素的分析，认为海洋渔场的污染物会使生物膜的生物量有所增加，并加强对营养盐、Se 等重金属的吸收和富集；Delia 等通过对阿根廷拉普拉塔河口植物上的生物膜群落变化与水质变化的分析，认为在对照点和污染区，生物膜的生物量、物种多样性以及耐污种的比例有着显著性差异。这些研究无不说明生物膜是反映水环境变化的可靠指示生物，是评价生态系统健康变化的可靠指标。

但是目前对生物膜的研究集中在单一或少数几种污染物的效应上，对多种污染物产生的复合效应研究较少；并且多采用人工基质原位暴露的方式研究水质对生物膜的影响，利用天然生物膜同时研究水体和沉积物对生物膜的影响的研究较少；多数研究集中在生物膜对污染物的响应上，利用生物膜对水生态系统进行评价的研究较少。

1.3 科学假设与理论框架

研究技术框架图见图 1-2。

1.3.1 海河流域河口湿地问题诊断方法

从流域角度出发，在对流域各生态单元评价的基础上，识别河口湿地的

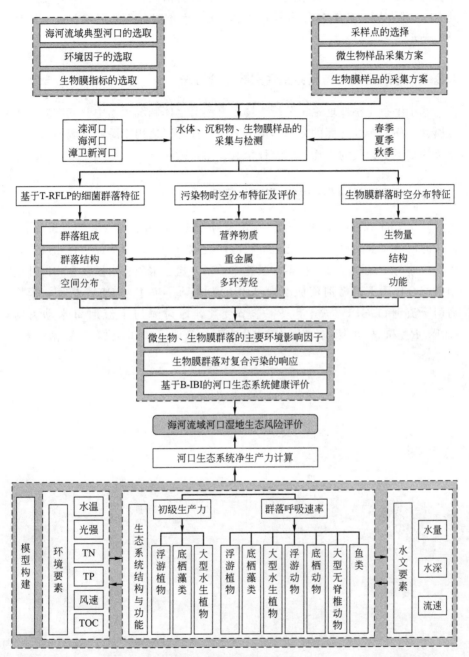

图 1-2　研究技术框架图

主要污染源。通过细菌群落组成分布、生物膜群落结构功能特征与环境因子的 RDA 排序图，明确各环境因子对微生物、生物膜群落的影响程度（解释量）大小。

1.3.2　河口湿地生物膜完整性指数评价方法

基于生态完整性理论，分析生物膜群落对水体和沉积物中营养物质、重金属、多环芳烃 3 方面的复合污染的响应，提出了适用于海河流域河口生态系统的基于生物膜的生物膜完整性指数。

1.3.3　河口湿地净生产力时空变化模拟

基于 PRFW 概念模型，通过辨识海河流域生产者、消费者和有机碎屑，构建海河流域湿地食物网；通过分析海河流域河口水动力特征，食物网中各生物群落与初级生产力、群落呼吸速率关系，构建水质、水量及食物网环境因素综合作用下的海河流域湿地 APRFW 模型。应用 APRFW 模型，模拟海河干流河口 GPP、R_{24} 和 P_n 季节变化，探讨海河干流河口水动力对GPP、R_{24} 和 P_n 的影响，为河口水生态系统管理、保护提供科学依据。

第 2 章

**海河流域水环境生态
风险空间分异特征**

2.1 海河流域单一污染物风险评价

为了揭示研究区域的风险变化情况，选择典型的有毒无机物（重金属）作为评价因子，运用经典的 Hakanson 生态风险评价法，对 RNM 模型和风险变化情景结果进行评估，并分析不同生态单元重金属的分布特征和风险程度。同时，通过监测的实验结果和水质数据，揭示海河流域的风险情景模式。

2.1.1 样品采集及评价方法

海河流域的地理位置和特点在第三章的研究范围内已介绍。研究区主要是亚洲季风气候，冬季寒冷干燥，夏季炎热多雨。年降水量 379.2～583.3mm，其中约有 75％属于六月至九月的雨季。重工业发展和快速城镇化对该地区的水资源造成严重污染。该地区水资源短缺，水质恶化加剧了水资源短缺。海河流域是水利部和海河水利委员会管理的几大流域之一。

2010 年 6 月，于海河流域共收集了 33 个沉积物样品，并将采样点采用GPS 定位，分布如图 2-1 所示。

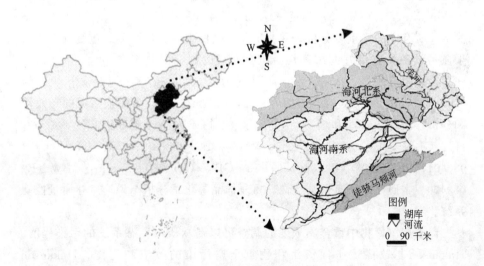

图 2-1　海河流域在中国的位置

[GS（2016）1569]

（1）河流

采集滦河 10 个沉积物样品和漳卫南河 8 个沉积物样品，其中覆盖了干流 4 个样点和支流 6 个样点。采样点的分布主要选择在流域内不同的土地利用类型和重要的支流上。在每个采样点，采用内径为 6cm、长度为 50cm 的自制沉积物取样器，采集沉积物和水的表层 5cm 样品。所有样品都用干净的聚乙烯袋密封，放在现场冷却的盒子里。将冷却的样品带回实验室风干备用。

（2）湖泊

在白洋淀采集的 10 个样品，测定了沉积物中 7 种金属的浓度。前 9 个地点设有国家监测站，覆盖白洋淀关键点位。采样点的设定主要基于不同的土地用途以及流入、流出白洋淀的重要支流。

（3）河口

海河流域有 62 个口，是一个多河流域。其中，12 个河口集水面积大，径流量大，对沿海经济发展影响较大。在海河口采集 5 个样品，测定了沉积物中 7 种金属的浓度。

重金属：在所有沉积物样品中检测了 7 种常见重金属含量（As、Hg、Cr、Cd、Pb、Cu、Zn）（Liu 等，2009）。通过用 HF-HClO$_4$ 消解，测定沉积物的总金属分析（Tessier 等，1979）。通过电感耦合质谱法（ICP-MS，Perkin Elmer Elan 6000）测定 As 和 Hg 的浓度，Cr、Cu 和 Zn 由 ICP-OES 测定。所有样品均重复分析，并测定几个空白中的金属浓度。重复分析的结果显示设备具有良好的重现性。所有元素的加标回收率在 74%～123% 之间。检出限分别为：As 为 1μg/g，Hg 为 0.002μg/g，Cr 为 5μg/g，Cd 为 0.03μg/g，Pb 为 2μg/g，Cu 为 1μg/g，Zn 为 2μg/g。为保证数据的有效性和分析方法的准确性和精确性，使用标准物质为 As：GBW（E）080390；Hg：GBW（E）080392；Cr：GBW（E）080403；Cd：GBW（E）080401；Pb：GBW（E）080399；Cu：GBW（E）080396；Zn：GBW（E）080400。本研究的所有试剂空白、重复样品等化学分析结果均遵守质量控制系统。

对表层沉积物中重金属浓度的调查可以揭示淡水生态系统的污染程度。Hakanson 指数描述了河流沉积物重金属污染的效应和程度。Hakanson（1980）提出的方法是为了评估水生生物污染控制的生态风险，其基础是假设水生生态系统的敏感性取决于其生产力。采用该方法计算了重金属的生态因子（E_r^i）和潜在生态风险指数（RI）。参照 Hakanson 生态风险评价方法，对应指标包括：单一金属污染系数 C_f^i，多金属污染度 C_d，不同金属生物毒性响应因子 T_r^i，单一金属潜在生态风险因子 E_r^i，多金属潜在生态风险指数 RI，其关系如下：

$$E_r^i = T_r^i C_f^i (C_f^i = C_D^i / C_R^i; C_d = \sum_{i-1}^m C_f^i)$$

$$RI = \sum_{i=1}^m E_r^i$$

式中，C_D^i 为样品实测浓度；C_R^i 为沉积物背景参考值；因子 T_r^i 为金属在水相、沉积固相和生物相之间的响应关系；RI 为总潜在风险。参考工业化土壤环境背景值，结合重金属污染特征，设定了 7 种重金属生物毒性响应因子的数值顺序：Hg（40）＞Cd（30）＞As（10）＞Cu＝Pb（5）＞Cr（2）＞Zn（1）。计算了滦河、漳卫南河、白洋淀、海河口的重金属生态因子（E_r^i）和潜在生态风险指数（RI）。沉积物中 As、Hg、Cr、Cd、Pb、Cu、Zn 的背景值含量分别为 9.2、0.04、53.9、0.07、23.6、20.0 和 67.7。潜在生态风险评价指标与分级关系见表 2-1。

表 2-1　潜在生态风险评价指标与分级关系

潜在生态风险因子 E_r^i	单一重金属对应的阈值区间	风险因子程度分级
	$E_r^i < 40$	Ⅰ 低值
	$40 \leqslant E_r^i < 80$	Ⅰ 中值
	$80 \leqslant E_r^i < 160$	Ⅰ 可观
	$160 \leqslant E_r^i < 320$	Ⅰ 高值
	$E_r^i \geqslant 320$	Ⅰ 极高
潜在生态风险指数 RI	7 种重金属对应的阈值区间	风险指数程度分级
	$RI < 110$	A 低值
	$110 \leqslant RI < 220$	B 中等
	$220 \leqslant RI < 440$	C 高值
	$RI \geqslant 440$	D 极高

2.1.2　空间分布及生态风险水平

（1）空间分布和污染水平

滦河 As、Hg、Cr、Cd、Pb、Cu 和 Zn 的浓度范围分别为 2.08～12.9mg/kg、0.01～1.39mg/kg、28.7～152.73mg/kg、0.03～0.37mg/kg、8.65～38.29mg/kg、6.47～178.61mg/kg、21.09～161.32mg/kg。重金属

浓度如图 2-2 所示。可以发现，郭台子和郭家屯的重金属含量低于其他地区。在韩家营和武烈河下观察到高含量的沉积物，表明此处污染较重，可能与城市径流和污水排放有关。其中三道河子 Cr 最高，为 152.73mg/kg；韩家营 Cu 最高，为 178.61mg/kg；武烈河下 Zn 最高，为 161.32。从上游到中游，重金属含量分布呈上升趋势。重金属含量最高的是城市地区。

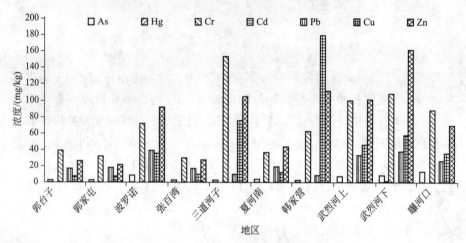

图 2-2　滦河沉积物中重金属的浓度

与滦河类似，漳卫南河 As、Hg、Cr、Cd、Pb、Cu、Zn 的浓度范围分别为 3.96～15.28mg/kg、21.00～1135.50mg/kg、56.79～130.18mg/kg、142.82～195765.83mg/kg、20.96～62.34mg/kg、16.47～148.94mg/kg、60.70～1076.25mg/kg。表 2-2 中显示了典型生态单元沉积物中重金属浓度，可见新乡和龙王庙的重金属含量高于其他点位，相对污染较重，可能与当地城市地表径流和中游城市污水排放有关。

表 2-2　典型生态单元沉积物中重金属含量　　单位：mg/kg

	采样点	As	Hg	Cr	Cd	Pb	Cu	Zn
漳卫南河	岳城水库	10.83	21.00	64.52	142.82	21.65	23.21	60.70
	小南海	8.46	84.00	65.90	370.28	38.93	60.14	114.35
	新乡	7.48	1135.50	121.33	195765.83	40.78	148.94	1076.25
	卫辉	11.58	266.00	84.16	27272.25	31.77	43.03	264.81
	龙王庙	15.28	470.50	130.18	4319.43	62.34	88.48	574.88
	馆陶	3.96	162.00	56.79	411.90	20.96	16.47	84.56
	德州	9.82	358.50	64.83	146.27	25.49	26.17	62.13
	辛集闸	12.09	31.00	67.85	188.28	22.45	23.78	71.16

续表

	采样点	As	Hg	Cr	Cd	Pb	Cu	Zn
白洋淀	王家寨	9.50	0.04	69.00	0.30	25.00	23.00	68.00
	光淀张庄	10.50	0.03	69.00	0.20	25.00	22.00	61.00
	枣林庄	10.30	0.05	64.00	0.12	22.00	20.00	52.00
	郭里口	24.80	0.04	59.00	0.13	23.00	21.00	56.00
	端村上	7.90	0.04	58.00	0.12	20.00	19.00	53.00
	大田庄	12.30	0.04	69.00	0.27	24.00	25.00	80.00
	采蒲台	4.70	0.06	64.00	0.12	21.00	20.00	58.00
	圈头	10.80	0.03	84.00	0.26	26.00	29.00	85.00
	大张庄	10.80	0.05	67.00	0.18	24.00	23.00	67.00
	南刘庄	9.30	0.06	83.00	0.90	30.00	35.00	112.00
河口	海河口	11.84	790.50	102.63	548.47	157.82	56.42	217.98
	独流减河口	12.35	49.50	84.92	216.01	31.08	36.66	114.87
	子牙河口	15.28	61.50	88.25	187.25	31.73	34.82	102.92
	漳卫南河口	12.09	31.00	67.85	188.28	22.45	23.78	71.16
	徒骇河口	9.82	21.50	61.95	171.10	18.71	19.28	55.28

　　白洋淀的 As、Hg、Cr、Cd、Pb、Cu 和 Zn 的浓度范围分别为 4.70～24.80mg/kg、0.03～0.06mg/kg、58.00～83.00mg/kg、0.12～0.90mg/kg、20.00～30.00mg/kg、19.00～35.00mg/kg、52.00～112.00mg/kg。由表2-2可知，除了 As 外，南刘庄的 7 种重金属含量均高于其他地点，而在端村上和采蒲台地区，7 种重金属含量均低于其他地点，表明大部分污染与人为影响高度相关。南刘庄除了大量的废水外，还处在一条狭窄的河道上，当河流扩大，水流速度降低时，颗粒沉淀在河流中，使生活区下游的重金属污染增加。

　　在河口区域，As、Hg、Cr、Cd、Pb、Cu 和 Zn 的浓度范围分别为9.82～15.28mg/kg、21.50～790.50mg/kg、61.95～102.63mg/kg、171.10～548.47mg/kg、18.71～157.82mg/kg、19.28～56.42mg/kg、55.28～217.98mg/kg。根据图2-3，海河流域河口 7 种重金属含量较高，其中海河干流河口浓度均高于其他河口地区。海河干流河口是位于渤海湾北岸北京以南的潮汐河口，是一个工业化程度很高的综合性地区（杨志峰等，2006）。然而，人类活动和工业化已经改变了其50多年，造成了栖息地丧失、污染、质量退化和生态群落变化等多种环境问题（Hakanson，1980）。海河干流河口位于京津唐地区，造纸、电子信息、石化、金属冶炼、生物技术和现代制药、碱业、食品、纺织等许多行业发达，这也许是河口重金属污染的重要来源。

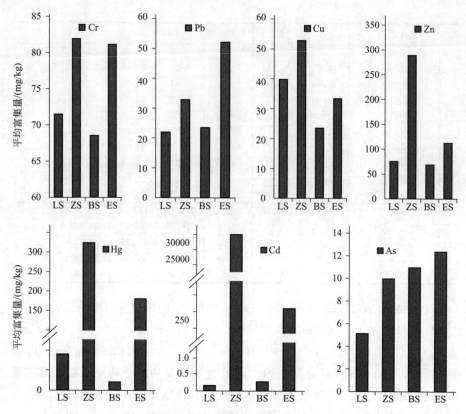

图 2-3 典型生态单元中沉积物重金属的平均浓度

（LS=滦河，ZS=漳卫南河，BS=白洋淀，ES=河口）

从表 2-3 可以看出，Hg、Cd 和 Zn 的最大浓度比文献报道的其他水体高。其中，Hg、Cd 和 Zn 的最高浓度均位于新乡。除了墨水湖以外，Cr 含量均高于其他水体沉积物；除 Patroom 水库外，Pb 含量也高于其他水体沉积物。与文献中的其他水体相比，Cu 显示出中等或低的水平。因此，海河流域沉积物重金属含量高于部分其他国家水体，也许是因为工业的发展和快速的城市化对水造成了严重的污染，加之水资源短缺，水质恶化加剧。

表 2-3 本研究和其他文献中的沉积物最大浓度

金属	A1	B1	B2	B3	C1	C2	C3	C4	C5	C6	C7
As	24.8	—	29.9	—	—						
Hg	1135.5	—	1.43	0.51	6.2	—					

续表

金属	A1	B1	B2	B3	C1	C2	C3	C4	C5	C6	C7
Cr	152.73	1779	205	73.7	—	—	19.13	—	—	23.4	—
Cd	195765.83	—	3.4	0.33	3.84	25320	8.38		2.1	4.3	1.13
Pb	157.82	220	98	113	62	3600	75.3	85	98.5	189	68.4
Cu	178.61	1249	129.9	54.6	6495	—	35.03	280	90.1	420.8	48.2
Zn	1076.25	1337	1142	83.1	439	—	101.7	221	305	708.8	245.2
文献	本研究	Liu等，2008	Yang等，2008	Zhang Hand Shan，2008	Dauvalter and Rognerud，2001	Arnason and Fletcher，2003	Singh等，2005	Tang等，2008	Farkas等，2007	Olivares-Rieumont等，2005	Martin，2004

注：B1＝墨水湖，中国；B2＝扬子江，中国；B3＝淮河，中国；C1＝Pasvik 河，芬诺斯堪的亚北部；C2＝Patroom 水库，美国；C3＝戈默蒂河，印度；C4＝维多利亚港，中国香港；C5＝波河，意大利；C6＝Almendares 河，古巴；C7＝拉恩河，德国。

（2）典型生态单元生态风险水平

以全国土壤背景值为参考（Liu 等，1997），利用 Hakanson 指数法计算了滦河、漳卫南河、白洋淀和河口地区重金属的生态因子（E_r^i）和潜在生态风险指数（RI）。根据表 2-4，对滦河来说，7 种金属的生态风险从高到低顺序为 Hg、As、Cr、Cd、Pb、Cu 和 Zn。武烈河下处于极高风险水平，RI 高达 1138.14；波罗诺处于高风险水平（RI 为 231.11）；武烈河上和曝河口处于中等风险水平（RI＞110）；郭台子、郭家屯、张百湾、三道河子、夏河南、韩家营等处于低风险水平。在 7 种重金属中，由于 Hg 毒性系数最高，尽管浓度低于其他几种重金属（除武烈河外），但生态风险最高。滦河支流重金属的生态风险较干支流高，原因可能是干流水量大，水的自净能力强。对漳卫南河来说，7 种金属的生态风险顺序由高到低依次为 Cd、Hg、As、Cr、Pb、Cu 和 Zn。在这 7 种重金属中，由于 Hg 和 Cd 毒性系数较高，其生态风险最高。漳卫南河风险均达到极高水平，其中新乡点位风险最高，风险指数高达 14834993.02。对于白洋淀而言，7 种金属的生态风险顺序由高到低为 As、Hg、Cd、Cr、Pb、Cu 和 Zn。光淀张庄、端村上和采蒲台处于低风险水平，其他点位均处于中等风险水平。在河口区域，Hg 和 Cd 也是 7 种重金属中最高的生态风险。徒骇河口 7 种重金属元素含量最低，海河口含量最高。此外，河口的所有点位均达到了极高的风险等级，其中海河干流河口处于最高风险等级，RI 高达 632164.25。

表 2-4　沉积物中重金属的生态风险因子（E_r^i）和潜在生态风险指数（RI）

采样点		E_r^i							RI
		As	Hg	Cr	Cd	Pb	Cu	Zn	
滦河	郭台子	11.35	7.5	7.07	2.14	3.45	0.72	0.38	32.60
	郭家屯	9.04	7.5	5.80	2.14	3.73	0.65	0.31	29.18
	波罗诺	34.30	150	13.15	20.71	8.11	3.48	1.35	231.11
	张百湾	12.13	15	5.32	2.86	3.50	0.96	0.40	40.18
	三道河子	9.78	15	28.34	9.29	1.89	7.44	1.54	73.28
	夏河南	17.13	7.5	6.66	5.71	3.89	1.16	0.64	42.69
	韩家营	10.57	15	11.51	10.71	1.83	17.86	1.64	69.12
	武烈河上	30.17	52.5	18.51	16.43	6.94	4.58	1.49	130.63
	武烈河下	33.26	1042.5	19.95	26.43	7.93	5.69	2.38	1138.14
	曝河口	56.09	37.5	16.29	8.57	5.55	3.46	1.02	128.47
	平均	22.38	135.00	13.26	10.50	4.68	4.60	1.12	191.54(中)
漳卫南河口	岳城水库	47.09	15750	11.97	10201.43	4.59	2.32	0.90	26018.29
	小南海	36.78	63000	12.23	26448.57	8.25	6.01	1.69	89513.53
	新乡	32.52	851625	22.51	13983273.57	8.64	14.89	15.90	14834993.03
	卫辉	50.35	199500	15.61	1948017.86	6.73	4.30	3.91	2147598.76
	龙王庙	66.43	352875	24.15	308530.71	13.21	8.85	8.49	661526.85
	馆陶	17.22	121500	10.54	29421.43	4.44	1.65	1.25	150956.52
	德州	42.70	268875	12.03	10447.86	5.40	2.62	0.92	279386.52
	辛集闸	52.57	23250	12.58	13448.57	4.76	2.38	1.05	36771.91
	平均	43.21	237046.88	15.20	2041223.75	7.00	5.38	4.26	2278345.68(极高)
白洋淀	王家寨	41.30	30	12.80	21.43	5.30	2.30	1.00	114.14
	光淀张庄	45.65	22.5	12.80	14.29	5.30	2.20	0.90	103.64
	枣林庄	44.78	37.5	11.87	8.57	4.66	2.00	0.77	110.16
	郭里口	107.83	30	10.95	9.29	4.87	2.10	0.83	165.86
	端村上	34.35	30	10.76	8.57	4.24	1.90	0.78	90.60
	大田庄	53.48	30	12.80	19.29	5.08	2.50	1.18	124.33
	采蒲台	20.43	45	11.87	8.57	4.45	2.00	0.86	93.19
	圈头	46.96	22.5	15.58	18.57	5.51	2.90	1.26	113.19
	大张庄	46.96	37.5	12.43	12.86	4.66	2.30	0.99	117.69
	南刘庄	40.43	45	15.40	64.29	6.36	3.50	1.65	176.63
	平均	48.22	33.00	12.73	18.57	5.04	2.37	1.02	120.95(中)
河口	海河口	51.48	592875	19.04	39176.43	33.44	5.64	3.22	632164.25
	独流减河口	53.70	37125	15.76	15429.29	6.58	3.67	1.70	52635.68
	子牙河口	66.43	46125	16.37	13375.00	6.72	3.48	1.52	59594.53
	漳卫南河口	52.57	23250	12.59	13448.57	4.76	2.38	1.05	36771.91
	徒骇河口	42.70	16125	11.49	12221.43	3.96	1.93	0.82	28407.33
	平均	53.37	143100.00	15.05	18730.14	11.09	3.42	1.66	161914.74(极高)
总平均		39.96	79198.64	13.84	497688.83	6.33	3.93	1.93	576953.46

　　根据 RI 值，将海河流域典型生态单元沉积物重金属综合污染分为两个部分：一是滦河、白洋淀等相对清洁的生态单元；二是污染严重的地区，包括漳卫南河和河口。典型生态单元的风险由高到低依次为漳卫南河（2278345.68）＞河口（161914.74）＞滦河（191.54）＞白洋淀湖（120.95）。图 2-4 显示，大部分地区重金属潜在风险水平处于低或中等风险水平，漳卫南河和河口的 Hg 和 Cd 均达到极高风险水平（100%）。

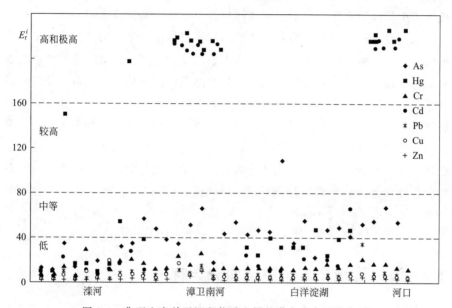

图 2-4　典型生态单元沉积物重金属的潜在生态风险水平

　　根据潜在生态风险的生态单元功能划分，不同地区应采取不同的有针对性的控制措施。以白洋淀和滦河为例，7 种重金属的生态风险偏低，应采取限制工业废水流入等保护措施，漳卫南河等高生态风险区，河流和河口应采取先进的处理技术，严格限制工业（如尾矿）废水和污水过量排放。同时，建设新的污水处理厂，改善现有处理厂的运行效率和承载量。

　　研究表明，海河流域的水环境在自然和人为的双重压力下正遭受重金属污染的风险。目前，水质管理主要以单一或定期指标为基础，各种介质和综合污染下的考虑还不够充分。诸如重金属、POPs、PPCPs 等污染物虽然浓度较低，但毒性较高，对潜在风险关注较少，因此除单一和常规污染物外，还应考虑水质非常规污染物和区域复合生态效应指标。因此，应重点研究有机、无机和新型污染的分布、特点和复合效应，以揭示流域水环境的真实情况，找出问题症结所在，采取措施控制。

综上所述,分析了海河流域代表性生态单元(河流、湖泊和河口)7 种重金属污染物的浓度和风险水平。就含量方面,Hg、Cd 和 Zn 的最大浓度均高于部分国内外其他水体。就生态风险方面,具有极高风险的典型生态单位是漳卫南河和河口,低风险的是白洋淀和滦河。典型生态单元的风险由高到低依次为:漳卫南河>河口>滦河>白洋淀。Cd、Hg、As、Cr、Pb、Cu 和 Zn 7 种重金属的生态风险水平呈下降趋势。基于 RI 值,滦河和白洋淀处于中等风险水平,漳卫南河和河口各点处于极高风险水平。

研究结果给我们提出警示:传统的污染指标监测不能够反映水环境的真实情况,而水质较好的地区仍然有高生态风险的可能。因此,应该考虑对非常规污染物进行监测和评估。同时,虽然漳卫南河河口处于相对较低的风险水平,但流域内部部分区域仍然存在生态风险。另外,海河流域还存在水资源管理与其他管理部门之间的不协调、水资源保护公众意识淡薄等问题,全面解决防洪、城市供水、污染防治和生态环境保护难度较大。因此,还要加强区域合作和管理体制,从流域整体利益出发,统筹协调,加强部门(水利部门、环保部门和海洋管理部门等)和地区(不同省、市、镇)的合作与管理。

2.2 海河流域生态风险空间分异特征

在以前的研究中,基于综合风险模型和改进的相对风险模型,评估了多重压力下水环境的水质、水量和水生生态系统的生态风险。根据不同尺度(流域、河流、湖泊和水库)的分级整合模型,建立了水质-水量-水生态-社会服务耦合指标体系。本章通过分析流域内风险状况,提出了生态安全阈值。

对于海河流域来说,由于工业污染严重,城市人口密度高,社会水循环量大,目前大量的生活污水排放干扰了天然水循环。同时,大量的水利工程干扰了闸门、大坝、地下水井等自然水体生态过程,极大地改变了河流的自然流动和河流自然生态环境。在如此强烈的人类活动中,海河流域水生态风险的变化过程可以视为混合情景变化过程。在这种情况下,由于内河流域存在风险的不确定性,无论河口处于什么状态,整个流域都不一定安全。以图2-5 来模拟表示海河流域的区域风险和重金属风险。

对滦河流域来说,重金属的生态风险结果表明,大部分内陆区域处于中

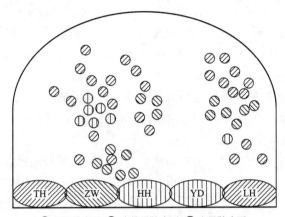

图 2-5　海河流域区域风险和重金属风险模拟图
（TH＝徒骇马颊河；ZW＝漳卫南河；HH＝海河；YD＝永定河；LH＝滦河）

低风险水平。从区域风险评估结果来看，河口区水质、水量和水生生态系统承受的压力相对较弱。因此，滦河流域的风险变化过程可以看作是累积情景模式。然而，尽管漳卫南河口区域风险处于中等水平，但流域内部重金属风险中等偏高。例如，新乡点位的风险水平非常高。由于支流纵横交错，人为干扰（社会水循环），流域内的风险将从上游或中游转移到子流域，风险也可能因为河流退化或其他原因而减少。在此流域内，无论河口处于何种状态，整个流域都是不安全的。因此，漳卫南河流域的风险变化过程可以视为混合情景模式。相反，海河干流河口地区风险较高，但白洋淀等内陆地区风险较低。天然湖泊和湿地没有承受到河口的风险。从北京市地表重度污染的报告（Xu 等，2011；Gao 等，2011）中得出，基于地质积累指数评价方法，Cd、Zn 和 Cu 处于中等污染水平。但海河口区域生态风险处于较高水平。显然，天津市河口的水质、水量和水生生态系统受到人为干扰。这个区流域也可以被认为是混合情景模式。

2.3　本章小结

通过采样监测，分析并评价了海河流域河流、湖泊和河口沉积物中 7 种重金属 As、Hg、Cr、Cd、Pb、Cu 和 Zn 的分布特征及潜在生态风险。结果表明，Hg、Cd 和 Zn 的最大浓度均高于部分国内外其他水体，尤其在漳卫南河点位 Hg (1135.50mg/kg) 和 Cd (195765.83mg/kg) 均出现极高浓度。通过 E_r^i 值分析，Hg 和 Cd 表现出极高的生态风险，7 种重金属风险由高到低依次为：Cd＞Hg＞As＞Cr＞Pb＞Cu＞Zn。基于 RI 值，滦河和白洋淀处于中等风险水平，而漳卫南河和河口所有点位均处于高风险水平，表明河口区域单一污染物风险已达高风险水平。评价的典型生态单元生态风险从高到低依次为：漳卫南河（2278345.68）＞河口（161914.74）＞滦河（191.54）＞白洋淀（120.95）。

　　根据研究区特点、单一污染物风险与区域风险评价结果，以及结合区域水生态系统健康和风险状况，提出海河流域、滦河流域和海河干流河口的生态风险安全阈值及其对应的水生态系统健康状态；对海河流域河口区域风险、滦河流域和海河流域总体风险进行了对比分析。结果表明，海河干流河口各区域的相对风险均高于滦河流域各个风险区域的风险；此外，海河流域水环境受强人为干扰，生态风险变化属于混合型变化过程，无论河口是否存在风险，流域内部都可能存在风险；而海河流域的子流域中，滦河流域可认为是自然型流域，属于累积式变化过程；漳卫南河流域内水质、水量和水生态受各种自然和人为胁迫因子综合作用，承受着多种生态风险，属于混合型风险变化过程。

第 3 章

河口水环境不同介质
污染物的时空变化

海河流域包括滦河、海河北系、海河南系、徒骇马颊河 4 大水系，自南向北包括滦河河口、冀东沿海诸河河口、永定新河河口、海河干流河口、独流减河河口、子牙新河河口、漳卫新河河口、徒骇马颊河河口等 12 个河口。海河流域诸多水系、河流中，滦河流域相对受人类活动干扰较小，是北京、天津乃至整个华北地区的生态屏障，同时也是天津与唐山的主要水源地。滦河位于唐山市乐亭县，人为干扰较小，由于上游河流带来的泥沙不断在河口淤积，形成面积达 69km² 的河口湿地，其主要特点是地势平坦，无岩礁，以砂和泥沙为主。海河位于天津市，此区域人口密度较大，工业污染严重，且建有防潮闸，使得海河干流在大多数时间起着河道式水库的作用，常年无基流，水资源短缺问题也非常严重。漳卫新河是海河南系重要的尾闾河道，负责漳河、卫河的行洪排涝，位于山东省无棣县大口河，由于海水的潮汐作用，形成了一座贝壳堤岛，并且在 2006 年成为国家湿地系统自然保护区。但是根据海河流域 2010 年水资源质量公报，漳卫新河各监测点多为 V 类或劣 V 类水质，对其河口也有一定的影响。Chen 等（2013）利用相对风险评价模型对海河流域河口生态系统进行了评价，认为滦河口位于低风险区，漳卫新河口位于中等生态风险区，海河口位于高风险区。因此本书以滦河河口、海河干流河口、漳卫新河河口为海河流域典型河口进行研究，数据采集时间为 2011 年。具体采样点见图 3-1。

（1）水体样品的采集及处理

溶解氧、pH 值、盐度均在采样现场测定。用有机玻璃采水器取得水样后现场经过 0.45μm 玻璃纤维滤膜现场过滤，装入 1L 聚四氟乙烯塑料瓶中，然后加入浓硝酸酸化，将 pH 值调至 2 以下，密封保存，运回实验室后 4℃ 保存，用于 As、Cd、Co、Cr、Cu、Hg、Mn、Ni、Pb、Zn 10 种重金属以及总氮（TN）、总磷（TP）、氨氮（NH_4^+）的测定。用采水器定量采集 1L 水样装入磨口玻璃瓶中，用于分析水中的石油类。

每个采样点采集 4L 水样，用 0.45μm 玻璃纤维滤膜进行现场过滤，装入棕色玻璃瓶中，运回实验室 4℃ 保存。根据美国 EPA 方法 525 对萘（Nap）、二氢苊（Ace）、苊（Acp）、芴（Fl）、菲（Phe）、蒽（An）、荧蒽（Flu）、芘（Pry）、苯并［a］蒽（BaA）、䓛（Chr）、苯并［b］荧蒽（BbF）、苯并［k］荧蒽（BkF）、苯并［a］芘（BaP）、苯并［ah］蒽（DbA）、茚并[1,2,3-cd]芘（InP）和苯并[g,h,i]芘（BghiP）16 种多环芳烃进行定量分析。

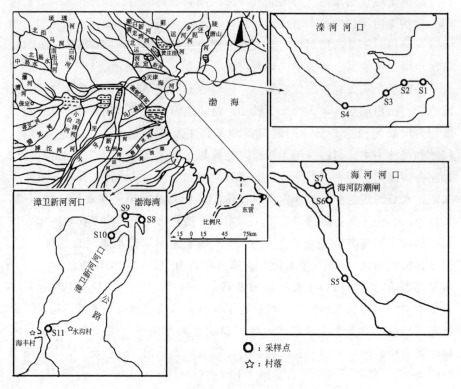

图 3-1　研究区采样点分布图

[GS（2016）1610]

（2）沉积物样品的采集及处理

用不锈钢抓斗式采样器在每个采样点分别采取 3 份表层沉积物，混匀后装入已编码的聚乙烯自封袋中，带回实验室，常温晾干。除去枯枝、碎石等杂物后用研钵研磨后过 200 目筛，装入聚四氟乙烯样品袋常温保存，用于检测 As、Cd、Co、Cr、Cu、Hg、Mn、Ni、Pb、Zn 10 种重金属以及总磷、总氮、硝酸盐、磷酸盐。

用不锈钢抓斗式采样器在每个采样点分别采取 3 份表层沉积物，混匀后装入事先用甲醇清洗过的不锈钢样品盒中，运输过程中装入带冰块的保温箱中保持低温，运回实验室后在 −20℃ 条件下保存。样品冷冻干燥后过 100 目筛，在 −20℃ 下保存以备分析萘（Nap）、二氢苊（Ace）、苊（Acp）、芴（Fl）、菲（Phe）、蒽（An）、荧蒽（Flu）、芘（Pry）、苯并［a］蒽（BaA）、䓛（Chr）、苯并［b］荧蒽（BbF）、苯并［k］荧蒽（BkF）、苯并

[a] 芘（BaP）、苯并 [ah] 蒽（DbA）、茚并[1,2,3-cd]芘（InP）和苯并 [g,h,i]芘（BghiP）16 种多环芳烃和石油类。

3.1　营养物质时空变化

3.1.1　物理指标

各采样点沉积物和水体的主要物理指标的平均值见表 3-1。沉积物和水体的 pH 值变化分别为 7.91～8.43 和 8.13～8.55，均为碱性，且各采样点沉积物 pH 值均小于水体。从沉积物粒径组成来看，采样点大部分颗粒的粒径小于 $100\mu m$，主要由粉砂和细砂组成。水体盐度的变化范围为 15.59‰～33.26‰，而海水的平均盐度为 35‰，各采样点可视为淡水与海水的混合区。S7 水体盐度最低，可能因为海河闸的截断作用，使闸上（S7）水体盐度明显低于闸下（S6）；最高点为 S3，可能因为滦河河口基本无水量，S3 与下游河段已被隔断，涨潮时海水倒灌，然后水分被蒸发，盐度比较高。由于盐度会影响到水体中溶解氧的饱和度，为了让各采样点间具有可比性，溶解氧含量用饱和度来表示。溶解氧的变化范围为 82.57%～114.20%，除了 S5、S10 和 S11，其他各采样点都达到Ⅰ类水标准，说明河口各采样点均具有较高的含氧量。

表 3-1　各采样点沉积物及水体主要物理指标的平均值

采样点	pH 值	沉积物			水体		
		<50μm /%	50～ 100μm/%	>100μm /%	pH 值	Sal /‰	DO /%
S1	8.42	19.64	36.135	44.225	8.55	32.57	95.17
S2	8.40	10.08	55.88	34.04	8.54	32.40	100.03
S3	8.43	24.135	52.295	23.57	8.50	33.26	109.15
S4	8.42	26.745	46.065	26.88	8.43	31.78	114.20
S5	8.02	69.515	20.395	8.385	8.13	31.23	86.50
S6	7.91	82.04	15.2	2.76	8.16	29.64	91.45
S7	8.38	62.095	26.76	11.145	8.49	15.59	112.37
S8	8.29	20.615	33.055	46.33	8.43	28.28	100.53
S9	8.11	50.71	32.335	16.955	8.27	32.33	100.90
S10	8.19	68.62	30.32	1.06	8.35	33.11	87.73
S11	8.07	73.025	19.335	7.64	8.37	23.88	82.57

3.1.2 营养物质时空变化规律

由表 3-2 可知，各营养盐指标中，水体中 TN（总氮量）的浓度变化范围为 1.60～6.99mg/L，符合国家地表水质量 V 类或劣 V 类标准；TP（总磷量）的浓度变化范围为 0.027～0.228mg/L，符合 II 类到 IV 类水标准；氨氮变化范围为 0.10～0.29mg/L，均符合 I 类或 II 类标准，可见水体中氮的污染情况比磷严重。沉积物中 TP 含量为 395.53～1134.10mg/kg，高于珠江口表层沉积物中总磷含量（340～581mg/kg）（岳维忠等，2007）；总氮含量范围为 94.20～1916.35mg/kg；硝酸盐含量范围为 1.12～24.693mg/kg，远低于珠江口表层沉积物中硝酸盐的含量（4.99～148.67mg/kg），可见沉积物中磷的污染情况更严重。

表 3-2　各采样点沉积物 TP 及水体主要物理指标的平均值

采样点	水体					沉积物				
	TN /(mg /L)	氨氮 /(mg /L)	TP /(mg /L)	COD$_{Mn}$ /(mg /L)	油 /(mg /L)	TP /(mg /kg)	磷酸盐 /(mg /kg)	TN /(mg /kg)	硝酸盐 /(mg /kg)	油 /(mg /kg)
S1	2.07	0.25	0.027	4.52	0.18	95.15	4.64	395.53	9.70	17.09
S2	2.08	0.26	0.028	3.86	0.15	154.92	3.93	407.85	7.97	6.12
S3	1.60	0.22	0.037	3.91	0.13	133.28	3.35	406.36	10.72	10.99
S4	1.73	0.25	0.079	4.04	0.22	173.24	2.61	544.02	17.50	39.12
S5	6.37	0.10	0.201	13.59	0.26	596.01	6.19	606.75	71.63	130.27
S6	6.27	0.22	0.228	6.29	0.25	1916.35	1.12	913.45	181.03	4396.67
S7	6.99	0.14	0.223	6.92	0.17	1328.70	24.69	1134.10	123.90	445.00
S8	1.99	0.29	0.044	5.64	0.18	94.20	6.91	317.94	15.22	33.49
S9	2.00	0.22	0.039	8.64	0.08	315.75	2.31	571.06	36.58	40.14
S10	5.06	0.29	0.039	6.49	0.14	186.26	3.99	475.80	18.16	11.86
S11	4.73	0.16	0.060	19.79	0.14	313.21	5.39	606.55	38.47	80.63

水体有机污染物中，COD$_{Mn}$ 的变化范围为 3.86～13.59mg/L，大部分采样点均劣于国家海水质量四类水标准；石油类浓度的变化范围为 0.08～0.26mg/L，均符合国家海洋三类水标准，但是远高于胶州湾的石油类浓度（0.030～0.114mg/L）（钟美明，2010）。沉积物中石油类的含量为 6.12～4396.67mg/kg，大部分采样点均符合国家海洋沉积物质量 1 类标准。可见水体中有机污染和石油类污染比较严重，沉积物并未受到石油类的严重污染。

3.1.3　营养物质综合污染评价

虽然各种污染物的污染评价方法有很多种，但是为了使水体、沉积物中的营养盐、重金属、多环芳烃等的污染评价之间具有可比性，统一采用综合污染指数法进行评价。单因子污染指数的计算公式为：

$$P_i = C_i / S_i \tag{3-1}$$

式中，P_i 为污染因子 i 的污染指数；C_i 为污染因子 i 的实测浓度；S_i 为污染因子的评价标准。多因子综合评价采用加权评价模式，即把各污染物的单因子污染指数乘以各因子的权重，再相加得到总的污染指数，然后进行评价。其计算公式为：

$$P = \sum_{i=1}^{n} W_i P_i \tag{3-2}$$

式中，P 为各污染因子总的污染指数；W_i 为污染因子 i 的权重值；P_i 为污染因子 i 的单项污染指数。评价指标及其标准见表 3-3。为了避免主观因素引起的过高评估污染状况，在本研究中，不考虑 W_i 值的变化，使用 $k=1$ 来计算综合污染指数。以各采样点综合污染指数变化范围的 25% 和 75% 分别作为中等污染的上限和下限来划分污染等级，具体结果见图 3-2。

表 3-3　评价指标及标准

评价指标	标准值	引用标准	评价指标	标准值	引用标准
水体 COD_{Mn}	2mg/L	国家海洋水质 1 类标准	沉积物石油类	500mg/kg	加拿大安大略省沉积物质量指南
水体石油类	0.05mg/L		沉积物 TP	600mg/kg	
水体 TN	1.0mg/L	国家地表水质量 Ⅲ 标准	沉积物 TN	550mg/kg	
水体氨氮	1.0mg/L		水体 TP	0.2mg/L	国家地表水质量 Ⅲ 标准

各采样点营养盐及有机物综合污染指数评价结果见图 3-1。各季节所有采样点污染指数的变化范围为 3.96～31.89，平均值为 14.07。超标污染物，即单项污染指数的平均值大于 1 的指标分别为水体中 TN、COD_{Mn} 和石油类，其污染指数变化范围分别为 0.11～11.10、0.99～5.70 和 1.01～10.40，其平均值分别为 3.73、3.23 和 3.58。从污染等级来看，春季的 S6，夏季的 S5、S6、S7、S11，秋季的 S5、S6、S7 受到高水平污染；春季的 S1、S2、S3、S4、S8、S9、S10 与夏季的 S1 受到低水平污染；其他各时段的采样点均受到中等程度的污染。

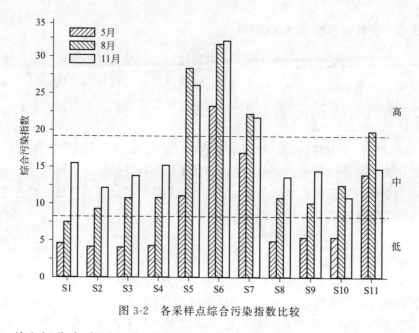

图 3-2　各采样点综合污染指数比较

　　从空间分布来看，S6 的污染指数最高，5 月、8 月、11 月分别为
23.34、22.25 和 21.91，S6 为海河防潮闸下的码头，常年有船只作业、停
泊，人为干扰严重，所以污染指数较高。S2 污染指数最低，三个月污染指
数分别为 4.15、9.35 和 12.24，S2 与下游海洋连通，附近人口少，人为干
扰小，受海洋稀释作用强烈，所以污染指数较低。从 3 个河口来看，三个季
度各河口的污染程度均是海河干流河口高于漳卫新河河口与滦河河口。从 3 个
河口相对的上下游位置来看，春季和夏季漳卫新河河口表现出明显的自河口向
上污染程度加重的趋势，秋季则无此规律，可能是春季和夏季水量比较丰富，
海洋的稀释作用比较强烈，且其作用强度自下向上减弱，导致漳卫新河河口各
采样点污染指数自下而上增大。同时滦河河口在夏季也表现出这样的规律，也
说明滦河河口比漳卫新河河口缺水，仅在夏季表现出此分布趋势。

　　从时间分布来看，S1、S2、S3、S4、S6、S8 和 S9 的污染指数均表现
出春季<夏季<秋季的规律，与胶州湾水体和沉积物中营养盐与油类污染状
况的评价结果（钟美明，2010）是一致的。S5、S7、S10 和 S11 表现为春季
<秋季<夏季。其中 S5 与 S7 位于天津市区，可能受夏季排污的影响出现这
种结果。秋季枯水期，S10 与 S11 可能受上游来水的影响大于海洋作用，夏
季上游水量多，同时漳卫新河营养盐与有机污染严重，导致来水带来更多的
污染物。

3.2　重金属污染时空变化规律

3.2.1　水体中重金属污染时空变化规律

（1）水体中重金属的时空分布

由于 Cd、Cr、Hg 在所有检测时间的所有采样点均未检出，表 3-4 列出了 As、Co、Cu、Mn、Ni、Pb、Zn 7 种金属在水体中浓度的分布情况。As 在 5 月、8 月、11 月所有采样点的浓度变化范围为 ND～9.20μg/L，远低于国家海水水质 1 类标准（20μg/L），浓度最高点在 S6，春、夏两季其浓度分别为 8.00μg/L 和 9.20μg/L，浓度最低点为 S9，3 个月采样均未检出。Co 的浓度变化范围为 ND～1.27μg/L，夏季在各采样点均未检出，最高浓度在 11 月 S1 位置检出，但浓度均较低。Cu 的浓度变化范围为 ND～3.74μg/L，5 月、8 月在大部分采样点均未检出，最高浓度在 11 月 S2 位点检出，但其浓度均低于国家海水水质 1 类标准（5μg/L）。Mn 的浓度变化范围为 ND～229.40μg/L，浓度最低点为 S10，5 月未检出，8 月、11 月浓度分别为 2.05μg/L 和 4.16μg/L，浓度最高点在 S4，5 月、8 月、11 月其浓度分别为 99.67μg/L、95.65μg/L 和 229.4μg/L。Ni 的浓度变化范围为 ND～5.44μg/L，滦河河口各采样点在 5 月、8 月、11 月均未检出，所有采样点在 8 月均未检出，浓度最高检出点为 S7，5 月、11 月其浓度分别为 4.63μg/L 和 5.44μg/L，但是大部分采样点的浓度均低于国家海水水质 1 类标准（5μg/L），仅 S7 在 11 月的检出浓度高于 1 类标准。Pb 在各采样点 8 月、11 月均未检出，其 5 月的浓度变化范围为 ND～8.14μg/L，浓度最低点为 S2 和 S10，均未检出，最高点为 S9，且所有检出点均高于国家海水水质 1 类标准（1μg/L），说明各河口在 5 月份受 Pb 污染严重。Zn 的浓度变化范围为 ND～40.50μg/L，平均浓度最低点为 S2，5 月、8 月均未检出，11 月浓度为 1.36μg/L，平均浓度最高点位于 S7，5 月、8 月、11 月其浓度分别为 11.33μg/L、25.13μg/L 和 7.62μg/L，大部分采样点均符合国家海水水质 1 类标准（20μg/L），仅 S5、S6、S7 在 8 月份超标，说明海河干流河口在夏季受 Zn 污染严重。

经过单因子方差检验，5 月各河口水体中仅 Zn 的浓度在海河干流河口显著高于滦河河口和漳卫新河河口（$P < 0.5$），As、Co、Cu、Mn、Ni、Pb

表 3-4　水体中重金属的空间分布　　　　　单位：μg/L

采样点	As			Co			Cu			Mn		
	5 月	8 月	11 月	5 月	8 月	11 月	5 月	8 月	11 月	5 月	8 月	11 月
S1	7.98	5.6	ND	0.39	ND	1.27	ND	ND	3.52	28.95	71.93	11.83
S2	ND	7.95	ND	ND	ND	1.16	ND	ND	3.74	23.84	2.08	15.36
S3	ND	5.58	ND	0.57	ND	1.15	ND	ND	ND	26.86	1.56	19.48
S4	ND	6.36	ND	0.6	ND	1.02	ND	ND	2.85	99.67	95.65	229.4
S5	ND	8.43	ND	ND	ND	1.05	ND	ND	1.29	19.9	4.86	59.5
S6	8.00	9.20	ND	0.64	ND	ND	ND	ND	2.67	33	1.05	19.21
S7	ND	3.55	ND	0.98	ND	ND	2.21	ND	5.00	35.93	2.24	8.92
S8	7.07	ND	ND	ND	ND	ND	ND	ND	1.97	ND	1.71	7.26
S9	ND	ND	ND	0.65	ND	ND	ND	ND	3.66	ND	1.88	11.92
S10	7.4	7.81	ND	0.71	ND	ND	ND	ND	2.72	ND	2.05	4.16
S11	6.01	3.99	ND	0.42	ND	1.15	2.52	ND	3.5	ND	8.1	10.91

采样点	Ni			Pb			Zn		
	5 月	8 月	11 月	5 月	8 月	11 月	5 月	8 月	11 月
S1	ND	ND	ND	7.22	ND	ND	ND	11.75	3.95
S2	ND	ND	ND	ND	ND	ND	ND	ND	1.36
S3	ND	ND	ND	4.7	ND	ND	ND	2.37	ND
S4	ND	ND	ND	3.35	ND	ND	ND	8.51	2.35
S5	0.86	ND	2.86	6.84	ND	ND	2.53	21.71	2.13
S6	1.44	ND	1.96	4.96	ND	ND	5.81	20.29	7.02
S7	4.63	ND	5.44	7.16	ND	ND	11.33	25.13	7.62
S8	1.02	ND	1.93	5.15	ND	ND	ND	7.11	1.26
S9	1.01	ND	1.97	8.14	ND	ND	ND	40.50	2.05
S10	0.83	ND	ND	ND	ND	ND	ND	3.28	1.46
S11	1.94	ND	3.5	6.07	ND	ND	1.51	5.8	1.65

在各河口均无显著性差异。8 月各种重金属在各河口均无显著性差异。11 月重金属 Ni 的浓度在滦河河口显著低于海河干流河口（$P<0.5$），漳卫新河河口与海河干流河口、滦河河口均无显著性差异；Zn 的浓度在海河干流河口显著高于滦河河口和漳卫新河河口；As、Co、Cu、Mn、Pb 在各河口均无显著性差异。

水体中 Cd、Cr 和 Hg 在各季节均未检出，各季节间无差异，未列入表 3-5 中。从季节差异来看，重金属 Mn 和 Zn 在各季节的浓度平均值的变化范围分别为 $19.12\sim37.85\mu g/L$ 与 $2.62\sim10.70\mu g/L$，Mn 的浓度在秋季最高，夏季最低，但季节间均无显著性差异，Zn 的浓度则在 8 月份显著高于 5 月和 11 月。As 在秋季未检出，其浓度在夏季高于春季，但无显著性差异。Co、Cu 和 Ni 在夏季均未检出，与春季和秋季有显著性差异，其中 Co

在春季和秋季间并无显著性差异，Cu 和 Ni 的浓度在春季显著低于秋季（$P<0.5$）。Pb 仅在春季有检出，显著高于夏季和秋季。

表 3-5　水体中不同季节各种重金属浓度　　　　单位：$\mu g/L$

季节	As	Co	Cu	Mn	Ni	Pb	Zn
2011-5	4.78(2.45)[a]	0.50(0.25)[a]	0.90(0.73)[a]	26.56(26.88)[a]	1.17(1.26)[a]	5.16(2.23)[a]	2.62(3.22)[a]
2011-8	6.12(2.22)[a]	ND[b]	ND[a]	19.12(34.60)[a]	ND[a]	ND[b]	10.70(8.70)[b]
2011-11	ND[b]	0.66(0.50)[a]	3.09(1.03)[b]	37.85(69.12)[a]	1.88(1.71)[b]	ND[b]	3.09(2.36)[a]

（2）水体中重金属的综合污染指数评价

应用综合污染指数法对水体中重金属污染做出评价。评价标准主要依据国家海水水质（GB 3097—1997）中的 1 类标准，但是标准中只有 Hg、Cd、Pb、Cr、As、Cu、Zn、Ni 等 8 种重金属的标准，徐争启等根据 Hakanson 的计算原则计算得出 Mn 的毒性系数为 1，Co 的毒性系数为 5（徐争启等，2008）。本研究根据各种重金属毒性系数间的关系推出 Co 的评价标准为 0.005mg/L，Mn 的评价标准为 0.05mg/L，具体评价标准见表 3-6。

表 3-6　水体重金属污染评价指标及标准　　　　单位：mg/L

评价标准	As	Co	Cu	Mn	Ni	Pb	Cd	Cr	Hg	Zn
国家海水水质 1 类标准	0.02	0.005	0.005	0.05	0.005	0.001	0.001	0.05	0.00005	0.02

根据 Krauskopf 等对水体中重金属综合污染指数法的研究，单种重金属污染指数小于 1 为低污染，1～3 为中度污染，3～6 为重度污染，大于 6 为高度污染；总污染指数小于 n（评价因子个数）为低污染水平，综合污染指数在 n 和 $2n$ 之间为中度污染，综合指数为 $2n～4n$ 为重度污染，大于 $4n$ 为高度污染（Krauskopf，1956）。本研究中由于 Cd、Cr、Hg 在所有采样点均未检出，认为其对生态系统的影响可以忽略不计，不参加评价，故参加评价的重金属为 As、Co、Cu、Mn、Ni、Pb、Zn 7 种重金属。所以综合污染指数小于 7 为低污染水平，7～14 为中度污染水平，14～28 为重度污染水平，大于 28 为高度污染水平。

各采样点 5 月、8 月、11 月水体中重金属的综合污染指数见图 3-3。8 月和 11 月各采样点水体均处于重金属低污染水平；5 月 S1、S5、S7、S9、S11 处于中度污染水平，S2、S3、S4、S6、S8、S10 处于低污染水平，可见各采样点水体的重金属污染是春季最为严重。为了明确春季各采样点的污染特征，分析了 5 月各采样点综合污染指数的组成，见图 3-4。可见各采样点的主要污染物是 Pb，其单项污染因子变化范围为 0～8.14。根据单项污染因子的污染等级划分，仅 S2 和 S10 处于低污染水平，S3、S4、S6、S8 处于重污染水平，S1、S5、S7、S9、S11 处于高污染水平，可见各河口 Pb 的重金属污染需要引起重视。其次，重金属 Mn 在 S4 的单项污染指数为 1.99，为中度污染，也需要引起重视。此外 8 月份 Mn 在 S1、S4 的污染指数分别为 1.44 和 1.91，为中度污染，11 月份在 S4、S5 的污染指数分别为 4.59 和 1.19，分别为重度和中度污染。8 月份 Zn 在 S5、S6、S7 的污染指数分别为 1.01、1.08、1.26，处于中度污染水平。其他重金属均未出现超标的情况。可见各河口在春季 Pb 污染严重，海河干流河口在夏季 Zn 为中度污染，此外，S4 的 Mn 污染也需要引起重视。

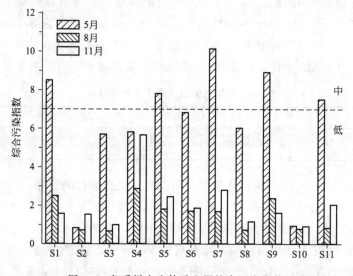

图 3-3　各采样点水体重金属综合污染指数

从空间分布来看，5 月、8 月、11 月，各重金属综合污染指数在滦河河口、海河干流河口、漳卫新河河口间均无显著性差异（$P > 0.5$），在河口相对上下游的空间分布上也并没有明显的规律，这可能是由河口水体重金属污染水平低，在很多位点低于检出水平，且河口同时受河流和海洋的影响，水体情况复杂等原因造成的。从时间分布来看，5 月份各采样点的综合污染指数均显著高于 8 月和 10 月（$P < 0.01$），这主要是因为重金属 Pb 仅在 5 月份有检出，且其单项污染指数高。可见水体重金属的分布并无明显的空间差异。

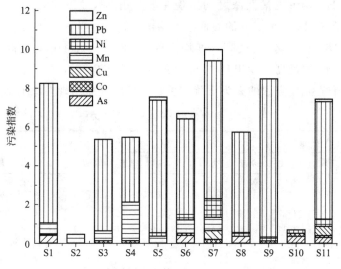

图 3-4　5 月各采样点水体重金属综合污染指数组成

3.2.2　沉积物中重金属污染时空变化规律

（1）沉积物中重金属的时空分布

本研究在 5 月和 8 月检测了 As、Cd、Co、Cr、Cu、Hg、Mn、Ni、Pb、Zn 10 种重金属，各种重金属在所有采样点均有检出，具体浓度见表 3-7。As 的浓度变化范围为 $2.57 \sim 15.90 \mu g/g$，最高浓度出现在 8 月份 S6，最低浓度出现在 5 月份 S1。Cd 的浓度范围为 $0.03 \sim 0.40 \mu g/g$，最高浓度出现在 8 月份 S6，最低浓度检出点在 5 月份 S3。Co 的浓度变化范围为 $4.43 \sim 17.87 \mu g/g$，最高浓度出现在 5 月份 S6，最低浓度出现在 5 月份 S8。Cr 的浓度变化范围为 $11.70 \sim 100.22 \mu g/g$，最高浓度在 5 月份 S6 检出，最低浓度在 5 月份 S8 检出。Cu 的浓度变化范围为 $6.59 \sim 73.44 \mu g/g$，最高浓度出现在 5 月份 S7，最低浓度出现在 5 月份 S8。Hg 的浓度为 $7.44 \sim 235.38 ng/g$，最高浓度在 8 月份 S7 检出，最低浓度在 8 月份 S1 检出。Mn 的浓度变化范围为 $254.26 \sim 1023.4 \mu g/g$，最高浓度出现在 8 月份 S9，最低浓度出现在 5 月份 S8。Ni 的浓度变化范围为 $10.74 \sim 46.78 \mu g/g$，最高浓度出现在 5 月份 S6，最低浓度出现在 5 月份 S8。Pb 的浓度变化范围为 $13.52 \sim 135.02 \mu g/g$，最高浓度出现在 5 月份 S3。Zn 的浓度变化范围为 $19.94 \sim 295.65 \mu g/g$，最高浓度出现在 8 月份 S6，最低浓度出现在 5 月份 S8。可见重金属 As 的最低浓度均出现在 5 月份 S1，

Cd、Cu、Hg、Pb 的最低浓度均出现在 5 月份 S3，Mn、Ni、Co 的最低浓度均出现在 5 月份 S8，Zn 的最低浓度均出现在 8 月份 S8。重金属 As、Cd、Co、Cr、Ni、Pb、Zn 的最高浓度均出现在 S6，Cu 和 Hg 的最高浓度均出现在 S7，Mn 的最高浓度出现在 S9。最高浓度多出现在海河干流河口，可能与海河干流河口强烈的人为干扰有关；最低浓度多出现在滦河河口。

表 3-7　沉积物中 10 种重金属的浓度

采样点	As/(μg/g)		Cd/(μg/g)		Co/(μg/g)		Cr/(μg/g)		Cu/(μg/g)	
	5 月	8 月	5 月	8 月	5 月	8 月	5 月	8 月	5 月	8 月
S1	2.57	2.93	0.06	0.07	5.48	5.51	35.72	49.10	7.00	11.65
S2	2.91	3.14	0.05	0.07	6.28	5.86	29.34	33.67	8.21	11.09
S3	2.81	3.27	0.03	0.10	5.72	6.96	28.23	45.46	6.97	14.40
S4	3.29	3.44	0.07	0.10	8.64	7.71	50.91	54.17	12.74	12.54
S5	9.19	12.52	0.18	0.17	12.35	12.99	64.37	69.55	25.59	32.83
S6	13.47	15.90	0.42	0.40	17.87	16.17	100.22	95.80	70.65	64.73
S7	8.82	11.42	0.34	0.32	13.37	12.30	76.47	71.12	73.44	66.42
S8	9.48	11.55	0.05	0.05	4.43	5.57	11.70	29.98	6.59	8.70
S9	10.76	13.22	0.14	0.10	12.12	8.57	64.22	44.48	24.05	15.78
S10	9.61	12.52	0.10	0.10	8.49	6.70	43.82	36.70	13.08	11.01
S11	9.19	11.28	0.10	0.10	11.12	10.95	61.04	63.77	20.58	23.84
滦河	2.90[a]	3.20	0.05[a]	0.09	6.53[a]	6.51	36.05[a]	45.60	8.73[a]	12.42
海河	10.49[b]	13.28	0.31[b]	0.30	14.53[b]	13.82	80.36[b]	78.82	56.56[b]	54.66
漳河	9.76[b]	12.14	0.10[a]	0.08	9.04[a]	7.95	45.19[a]	43.73	16.08[a]	14.83

采样点	Hg/(ng/g)		Mn/(μg/g)		Ni/(μg/g)		Pb/(μg/g)		Zn/(μg/g)	
	5 月	8 月	5 月	8 月	5 月	8 月	5 月	8 月	5 月	8 月
S1	7.75	7.44	337.51	761.53	12.81	14.00	14.10	13.86	28.01	28.36
S2	8.75	8.27	440.36	520.40	14.47	13.68	14.72	15.19	30.05	31.36
S3	7.50	12.40	296.94	635.25	11.98	15.56	13.52	16.25	29.90	39.14
S4	10.50	10.47	333.10	719.29	18.20	15.55	16.68	15.70	42.07	39.11
S5	69.50	75.52	578.49	744.59	28.12	28.92	26.52	24.51	79.88	78.73
S6	186.00	220.50	751.86	1014.1	46.78	40.79	135.02	75.78	285.10	295.65
S7	213.75	235.38	620.97	799.26	36.70	35.69	72.39	60.32	109.31	218.61
S8	8.75	9.92	254.26	887.04	10.74	13.07	17.32	15.41	20.52	19.94
S9	40.33	19.29	607.53	1023.4	28.03	19.19	23.29	16.65	67.08	39.90
S10	17.50	12.68	499.85	926.31	20.97	15.71	19.29	15.39	42.84	27.75
S11	27.00	26.46	579.96	969.21	28.03	27.25	38.81	21.11	65.53	56.06
滦河	8.63[a]	9.65	352.0[a]	659.1[a]	14.37[a]	14.70	14.76[a]	15.25	32.51[a]	34.49
海河	156.4[b]	177.14	650.4[b]	852.7[b]	37.2[b]	35.13	77.98[b]	53.54	158.1[b]	197.66
漳河	23.40[a]	17.09	485.2[ab]	951.5[b]	22.12[a]	18.81	24.68[a]	17.14	48.99[a]	35.91

与国内外其他河口沉积物中重金属的浓度进行比较（表 3-8），珠江口 Cu、Mn、Pb、Cr、Zn 的浓度远高于滦河口与漳卫新河河口，与海河干流

河口相近；Ni、Cd 的浓度则显著高于滦河河口、海河干流河口、漳卫新河河口。长江口 Cu、Zn 高于滦河河口和漳卫新河口，低于海河干流河口；Mn、Cr 的含量均低于 3 个河口；Pb 的含量高于滦河河口，与漳卫新河口相近，低于海河干流河口。海河流域各河口采样点 Co、Ni、Pb、Zn 远高于安达曼群岛近海岸沉积物中的含量，Cu 含量与安达曼群岛相近，Mn、Cd、Cr 的含量低于安达曼群岛。与巴西桑托斯河口相比，Co、Mn、Cd 含量与其相近，Cu、Ni、Pb、Cr、Hg、Zn 含量较高。总体来讲，海河流域各河口重金属污染水平稍低于珠江口，高于长江口。

表 3-8　各河口沉积物中重金属浓度比较　　　单位：μg/g

地点	Co	Cu	Mn	Ni	Pb	Cd	Cr	Hg	Zn
长江口		27.7	680		22.1		33.6		112
珠江口		39.9～106.0	395.2～1164.1	36.4～67.7	63.7～106.2	0.2～2.8	69.9～122.3		240.3～97.9
安达曼群岛，印第安	0.44～2.43	5.48～87.93	23.18～1180.4	2.16～26.64	ND～6.64	0.69～3.88	5.76～138.2		10.4～48.72
桑托斯河口，巴西	1.07～20.14	2.88～38.39	78.18～889.5	1.05～23.61	1.37～37.78	0.05～0.34	6.48～42.5	0.03～1.33	20.36～180.27

从三个河口各种重金属浓度的空间分布来看，As 在 5 月和 8 月均是滦河河口显著低于海河干流河口与漳卫新河河口（$P<0.5$）；Cd、Co、Cr、Cu、Hg、Ni、Pb、Zn 在 5 月和 8 月均是海河干流河口显著高于滦河河口与漳卫新河河口（$P<0.5$）；Mn 在 5 月份是滦河河口显著低于海河干流河口（$P<0.5$），漳卫新河河口则与两者无显著性差异，在 8 月份则是滦河河口显著低于海河干流河口与漳卫新河河口。从三个河口相对的上下游关系来看，在滦河河口，As、Co、Cu、Hg、Ni、Pb、Zn 均出现自河口向上浓度升高的趋势；Cr、Cd、Mn 的浓度则出现两端高中间低的趋势。在海河干流河口，10 种重金属浓度最低点均出现在 S5，As、Cd、Cr、Co、Mn、Ni、Pb、Zn 浓度的最高点均出现在 S6，可能这 8 种重金属受港口船只的影响比较大；Cu 和 Hg 浓度的最高点出现在 S7，这两种重金属可能受上游排水的影响比较大。在漳卫新河口，10 种重金属浓度的最低点均出现在河口最下点 S8，As、Cd、Hg、Mn 浓度最高点出现在 S9；Co、Cr、Cu、Ni、Pb、Zn 浓度最高点均出现在河口最上点 S11。

从时间分布来看，As、Cd、Mn 在各采样点的浓度均表现为 5 月份低于 8 月份；Co、Ni、Pb 则表现为 5 月份高于 8 月份。Cr 在 S6、S7、S9、

S10 表现为 5 月份高于 8 月份，其他采样点表现相反；Cu 在 S4、S6、S7、S9、S10 表现为 5 月份高于 8 月份，在其他采样点则表现为 5 月份低于 8 月份；Hg 的浓度在 S1、S2、S9、S10、S11 表现为 5 月份高于 8 月份，剩余采样点表现相反；Zn 在 S4、S5、S8、S9、S10 表现为 5 月份高于 8 月份，其他采样点则 5 月份低于 8 月份。

(2) 沉积物中重金属的综合污染指数评价

应用综合污染指数法对各采样点沉积物中 As、Co、Cu、Mn、Ni、Pb、Cd、Cr、Hg、Zn 10 种重金属进行评价。沉积物重金属综合污染指数评价中的评价标准有多种，应用较多的是各种重金属在不同地区的土壤背景值作为评价标准（战玉柱等，2011；罗先香等，2010）。由于本研究的研究区位于河口，且涉及沉积物重金属对生物膜的影响，因此选用河口地区与生物效应相关的标准进行评价。Long 等在对河口生态系统沉积物中重金属和生物效应浓度之间的关系进行广泛总数研究的基础上确定了 9 种重金属的低效应阈值浓度 (effects range low，ERL) 和中等效应阈值浓度 (effects range media，ERM)，低于 ERL 表示重金属对生物产生的负面效应的概率小于 15%，低于 ERM 则表示重金属对生物产生负面效应的概率小于 50%（Long 等，1995）。本文选择低效应浓度值作为评价标准，并根据各种重金属对生物的毒性效应推断出 Co 和 Mn 的 ERL 值，具体见表 3-9。沉积物中参加评价的重金属的评价因子为 10，因此，综合污染指数小于 10 表示低污染水平，10~20 表示中污染水平，20~40 表示重污染水平，大于 40 表示高污染水平。

表 3-9 河口沉积物中重金属的低效应浓度 单位：$\mu g/g$

重金属元素	As	Cd	Co	Cr	Cu	Hg	Mn	Ni	Pb	Zn
ERL	8.2	1.2	33.9	81.0	34.0	0.15	81.0	20.9	46.7	150.0

沉积物中重金属的综合污染指数见图 3-5。从综合污染指数来看，5 月份 S6、8 月份 S6 和 S7 均处于重污染水平；5 月份 S1、S2、S3、S4、S8 以及 8 月份 S2 处于低污染水平；其他 5 月份、8 月份大部分采样点 (59.1%) 均处于中度污染水平。从空间分布来看，三个河口各采样点的综合污染指数表现为 5 月份海河干流河口显著高于滦河河口与漳卫新河河口 ($P<0.5$)，滦河河口与漳卫新河河口无显著性差异；8 月份则表现为滦河河口显著低于海河干流河口与漳卫新河河口 ($P<0.5$)，后两者之间则无显著性差异。从

时间分布来看，滦河河口与漳卫新河河口的综合污染指数均表现为 5 月份显著低于 8 月份（$P < 0.5$），海河干流河口则无显著性差异。人为干扰较少的河口其污染指数表现出 5 月份低于 8 月份的趋势。

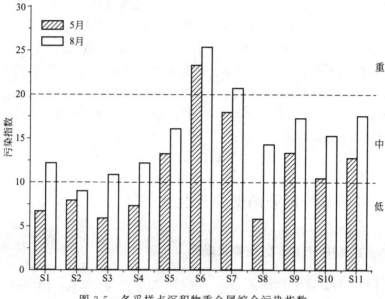

图 3-5　各采样点沉积物重金属综合污染指数

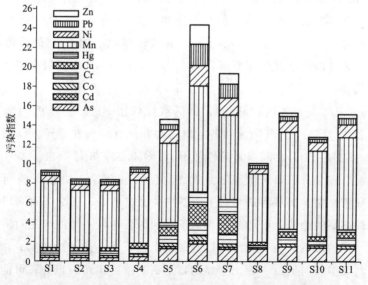

图 3-6　各采样点沉积物重金属综合污染指数组成

表 3-4 可以看出，各采样点 5 月和 8 月沉积物中各种重金属比例变化不大，变化趋势比较一致，因此可以从 5 月和 8 月各采样点重金属的平均值来分析其污染指数的组成及比例。由图 3-6 可以看出各采样点中单项污染指数所占比例最大的是 Mn，其单项污染指数的变化范围为 5.75～10.07，均为重度或高度污染。此外在 5 月份，S5～S11 沉积物中的 As 和 Ni 的污染指数较高，其污染指数变化范围分别为 1.08～1.64 和 1.00～2.24，为中度污染。8 月份 S5～S11 中 As 的污染指数为 1.38～1.94，此外 S6 和 S7 的 Cr、Cu、Hg、Mn、Ni、Pb、Zn 的污染指数均大于 1。由此可见各采样点普遍受到 Mn 的污染，S5～S11 还普遍受到 As 的污染，同时 8 月份海河干流河口同时受到多种重金属中度水平的污染。

3.3　多环芳烃污染的时空变化规律

3.3.1　水体中 PHAs 时空变化规律

16 种多环芳烃中 DbA 在各采样点均未检出，Ace 仅在 S9 有检出，InP 和 BghiP 仅在 S1、S4、S7 和 S9 有检出，BkF 和 BaP 在 S8、S10 和 S11 未检出，Chr 在 S6 和 S8 未检出，BaA 在 S8 未检出，其他各 PAHs 在各采样点均有检出。各采样点 PAHs 的总浓度如表 3-10 所示，5 月份总 PAHs 的浓度范围为 418.55～3796.97ng/L，最高浓度检出点为 S7，最低浓度检出点为 S8；8 月份其浓度变化范围为 332.81～4879.60ng/L，最高浓度出现在 S8，最低浓度出现在 S7；11 月各采样点浓度变化范围为 582.13～7596.56ng/L，最高浓度位于 S9，最低浓度位于 S11。经过单因素方差分析，5 月、8 月、11 月其浓度在各河口之间并没有显著性差异。仅滦河河口在 5 月、8 月、11 月之间有显著性差异（$P<0.5$），8 月＞11 月＞5 月；漳卫新河河口在 5 月份显著低于 8 月和 11 月（$P<0.5$）；海河干流河口则季节间无显著性差异。从河口相对上下游的关系来看，5 月份滦河河口表现为中间低两端高的趋势，可能是因为最下端的码头与最上端的居民对河口环境产生了一定的影响；漳卫新河河口则表现出自下而上递增的趋势；8 月份滦河河口与漳卫新河河口表现出明显的自下而上浓度递减的趋势，可能是海洋污染造成的。11 月份则无明显的规律。

表 3-10　各采样点水体中 $\sum$PAHs 的浓度　　　单位：ng/L

采样时间	S1	S2	S3	S4	S5	S6	S7	S8	S9	S10	S11
5 月	1309.48	511.51	542.26	1215.35	1297.83	1364.79	3796.97	418.55	670.10	1703.99	1766.75
8 月	3225.28	1028.92	1008.92	951.23	1574.21	627.47	332.81	4879.60	4070.82	802.11	933.37
11 月	1436.23	3663.53	2298.67	2226.81	2187.59	666.08	975.27	1593.92	7596.56	1754.22	582.13

由于各河口在 5 月、8 月、11 月均无明显的时间和空间差异，利用各采样点 3 个季节浓度的平均数来看各采样点 PAHs 的组成情况，结果见图 3-7。可见各采样点水体中 $\sum$PAHs 的浓度可以排序为：S9＞S8＞S1＞S2＞S7＞S5＞S4＞S10＞S11＞S6＞S3，PAHs 浓度的最高点出现在 S9，其次为 S8 和 S1，浓度最低点出现在 S3 和 S6。S9 位于大口河保护区外围，无重大污染源，且 S9 水体中的 PAHs 以中低环多环芳烃（2～4 环，包括 Nap、Acp、Fl、Phe、An、Flu、Pyr、BaA、Chr）为主，说明其污染源可能主要是石油泄漏，因此水体中 PAHs 浓度在 S9 最高，可能是由突发性的石油泄漏造成的。水体中 PAHs 浓度仅次于 S9 的采样点分别是漳卫新河河口和滦河河口与海洋连接的采样点，可能受到渤海康菲石油泄漏事故的影响。从 PAHs 浓度在各采样点的分布可以看出各河口均呈现出河口中上部分采样点 PAHs 浓度低于河口末端的采样点，并且从浓度组成来看，2、3 环 PAHs 占总 PAHs 的比例的平均值分别为 21.67% 和 60.47%，可见各采样点的主要污染物均是低环 PAHs，说明河口 PAHs 的主要污染源是石油泄漏。S7 的多环芳烃组成与其他采样点并不相似，5 月份 S7 水体中多环芳烃 40.24% 是由高环多环芳烃组成的。

曹志国等人在 2008 年采集并检测了滦河流域和漳卫新运河河口以上干、支流 15 个和 7 个采样点的表水，并检测其中 16 种 PAHs 的浓度，滦河与漳卫新运河水体中总多环芳烃的浓度变化范围分别为 9.8～310ng/L、31.7～99.0ng/L，平均浓度分别为 80ng/L 和 67.7ng/L，并认为滦河与漳卫新河水体多环芳烃处于低污染水平。本研究中滦河河河口与漳卫新河河口水体 16 种多环芳烃总浓度平均值分别为 1618.05ng/L 和 2230.86ng/L，远高于河口上游的浓度，且其组成上以低环多环芳烃为主，可以推断，滦河河口与漳卫新河河口有重大的低环多环芳烃污染源，可能与中海油渤海湾油田漏油事故有关（吴晓蕾，2011）。由于海河干流河口位于渤海湾最靠近东边的湾内部分，受到的影响较小，其多环芳烃浓度反而最低。漳卫新河河口虽然位于保护区内，但是距离石油泄漏事故地点最近，受到的影响最大，多环

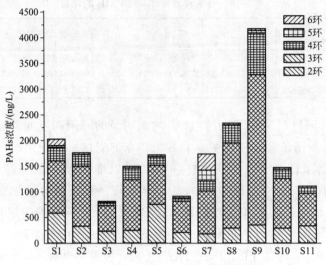

图 3-7 水体中 ΣPAHs 在各采样点的浓度组成结构

芳烃浓度最高。图 3-7 中 S7 的高环多环芳烃浓度显著高于滦河河口与漳卫新河河口也可以说明这一点。各河口与国内外其他河口水体中 PAHs 浓度的比较见表 3-11，可见滦河河口、海河河口、漳卫新河河口均普遍高于国内外河口水体中多环芳烃的浓度，仅低于大亚湾的污染水平。

表 3-11 各采样点水体中 ΣPAHs 的浓度　　　　单位：ng/L

采样点	样品	检测项目	范围	平均值	参考文献
滦河河口	表水	16 种 PAHs	511.51~3663.52	1618.05	本研究
海河河口	表水	16 种 PAHs	332.81~3796.97	1424.67	
漳卫新河河口	表水	16 种 PAHs	418.55~7596.56	2230.86	
滦河	表水	16 种 PAHs	9.8~310	80	曹志国等,2010
漳卫新运河	表水	16 种 PAHs	31.7~99.0	67.7	曹志国等,2010
黄河口	表水	16 种 PAHs	118.27~979.15	—	张娇,2008
大亚湾	表水	16 种 PAHs	4228~29325	10984	邱耀文等,2004
长江口	上覆水	16 种 PAHs	478~6273	1988	欧冬妮等,2009
珠江三角洲	表水	16 种 PAHs	944.0~6654.6	—	Luo 等,2004
塞纳河及河口,法国	表水	16 种 PAHs	2~687	—	Fernandes 等,1997

　　根据综合污染指数法，采用 Kalf 提出的水体中 10 种 PAHs 的最低效应浓度（the negligible concentrations，C_{NCs}）以及曹志国等人根据毒性系数推断出的其他 6 种 PAHs 的最低效应浓度作为标准评价水体中 PAHs 的污

染情况，具体标准见表 3-12（曹志国等，2010）。根据曹志国等人的研究，单体 PAHs 的 C_{NCs} 小于 1.0 表示这种单体 PAHs 对环境的负面效应可以忽略；1.0～100 表示处于中等水平的污染，大于 100 则表示处于高污染水平；综合污染指数小于 16 则表示低污染水平，16～800 表示中度污染，大于 800 则表示严重污染（曹志国等，2010）。

表 3-12 水体中 PAHs 的最低效应浓度

种类	Nap	Ace	Acp	Fl	Phe	An	Flu	Pyr
C_{NCs}	12.0	0.7	0.7	0.7	3.0	0.7	3.0	0.7
种类	BaA	Chr	BbF	BkF	BaP	DbA	InP	BghiP
C_{NCs}	0.1	3.4	0.1	0.4	0.5	0.5	0.4	0.3

各采样点水体中 PAHs 综合污染指数评价结果见图 3-8。所有采样点综合污染指数均大于 16，处于中等污染或高等污染水平。其中 5 月份 S2、S3、S4、S8、S9 处于中等污染水平，8 月份 S5、S6、S7、S10、S11 处于中等污染水平，11 月份 S6 和 S11 处于中等污染水平，其他各采样点均处于高污染水平。滦河河口与漳卫新河河口均在 5 月份污染指数最低，这可能与 6 月份的石油污染事故有关；海河干流河口在 5 月份污染指数最高，8 月份污染指数最低，可能与 8 月份水量较充沛从而稀释作用较强有关。

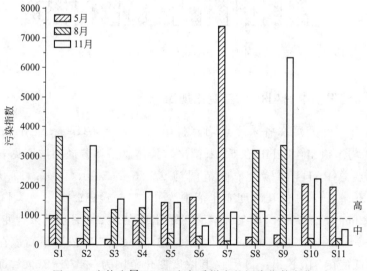

图 3-8 水体中 ∑PAHs 在各采样点的污染指数变化

从各采样点综合污染指数的平均数来看，全年污染程度最严重的是 S9（3347.00），其次是 S7（2876.12）和 S1（2094.69），污染程度最小的是 S6（839.68），其次为 S11（907.58）、S3（972.58）和 S5（1094.56）。从组成来看（图 3-9），主要起污染作用的是 3 环多环芳烃，其次是 4 环多环芳烃，6 环多环芳烃在 S7 也占有一定的比例，2 环多环芳烃所占比例非常小，这与各种多环芳烃在浓度中的组成不完全一致，可能是因为 2 环多环芳烃毒性较小、最低效应浓度较高。因为 S7 位于闸上，且提闸次数非常少，不与下游河口海洋直接相连，而是与上游河流关系更为密切，这点也可以从 S7 总污染指数中 6 环多环芳烃占有很大比例（30.79%）看出。

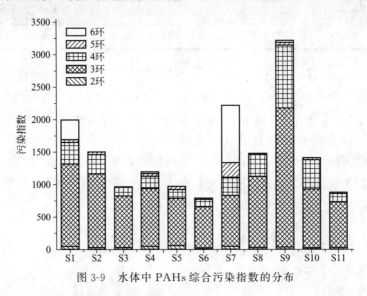

图 3-9　水体中 PAHs 综合污染指数的分布

3.3.2　沉积物中 PAHs 时空变化规律

16 种多环芳烃在各采样点均有检出，但 BaA 在 S3 未检出，DbA 在 S1～S4 均未检出，BghiP 在 S3 未检出，具体总多环芳烃的浓度见表 3-13。各采样点总 PAHs 的检出浓度范围为 23.35～15901.00ng/g，平均值为 2330.53ng/g。5 月份其浓度变化范围为 69.55～14181.39ng/g，平均值为 1693.22ng/g，最高值出现在 S6，最低值出现在 S3；8 月份其浓度变化范围为 23.35～15480.34ng/g，平均值为 2595.06ng/g，其浓度最高值在 S7 检出，最低值在 S10 检出；11 月份其浓度变化范围为 52.73～15901.00ng/g，平均值为 2157.85，最高值出现在 S6，最低值出现在 S8。通过单因子方差检验，5月、8月、11月3个河口在各季节间并无显著性差异（$P>0.5$），可以推测出中石油渤海湾的石油泄漏还并未影响到沉积物中多环芳烃的浓度。

表 3-13　各采样点水体中$\sum$PAHs 的浓度　　　　单位：ng/g

采样时间	S1	S2	S3	S4	S5	S6	S7	S8	S9	S10	S11
5 月	153.81	127.44	69.55	120.33	2067.28	14181.39	183.32	136.28	154.98	111.19	1319.83
8 月	54.69	274.39	247.56	353.10	692.39	7842.54	15480.34	56.97	161.43	23.35	3358.88
11 月	59.73	231.50	199.17	167.84	1382.19	15901.00	1251.47	52.73	193.62	82.63	4214.48

从空间分布特征来看，5月、8月、11月三个河口各采样点总PAHs浓度均呈现出滦河河口最低，其次为漳卫新河河口，海河干流河口最高的特点。3个月采样数据综合来看（图3-10），总PAHs浓度最高值出现在S6，为海河闸下，也就是海河码头，不仅水上作业频繁，还有附近车辆等的影响，且海河闸常年关闭，上游来水少，未与开阔海洋相连，稀释扩散作用有限，这些可能是造成海河闸下PAHs浓度最高的原因。总PAHs浓度较低点为S10、S8和S1，S10为滦河中，与下游断流，基本无水上航运，并且由于水的盐度过高附近无聚集的村落，人为干扰小，PAHs污染源少；S8位于自然保护区内，禁止开发，只有少量游客，相对人为干扰和污染小；S1为滦河码头，仅有少量船只，与开阔海面相连，稀释扩散作用强，可能导致总PAHs浓度较低。整体来看，总PAHs浓度呈现出最下游采样点浓度较低而上游浓度相对较高的趋势，这可能是因为最下游与海洋相连，更有利于污染物的扩散，而上游有较强的人为干扰或污染源。

从图3-10还可以看出，各采样点沉积物中PAHs的结构组成是不同的。其中S1、S9和S10主要由3环PAHs组成，占总PAHs的比例分别为43.92%、56.71%和49.52%；S3和S4主要是由2环PAHs即Nap组成，占总PAHs的比例分别为59.84%和58.52%；S5、S6、S7和S11主要是由4环PAHs组成，占总PAHs的比例分别为44.17%、48.85%、47.05%和48.31%。S2主要由2环、3环PAHs组成，其比例分别为47.99%和35.71%；S8主要由2环、3环、4环PAHs组成，所占比例分别为22.26%和36.78%和22.38%。可见各采样点沉积物中的PAHs主要是由中（4环）、低环（2环、3环）PAHs组成，高环（5环、6环）PAHs所占总PAHs的比例仅为7.30%～33.43%。可见沉积物中PAHs的主要污染源是石油产品的污染。这与程远梅等对海河及渤海表层沉积物中多环芳烃的来源分析结果是一致的。

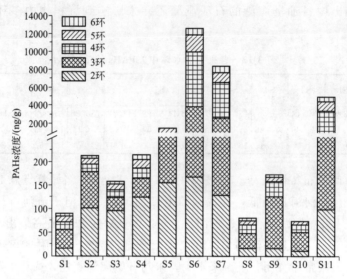

图 3-10　沉积物中∑PAHs在各采样点的浓度组成结构

　　比较河口沉积物中多环芳烃的浓度与其上游河流的浓度（表 3-14），发现滦河河口沉积物中 PAHs 的浓度与其上游河流比较相近，而海河干流河口则明显高于其上游河流，说明港口船舶等给海河河口带来严重的多环芳烃污染。滦河河河口与国内外其他河口及海湾相比，沉积物中多环芳烃浓度均处于较低水平。漳卫新河河口沉积物多环芳烃浓度则高于黄河口和大亚湾，与长江口相近，低于珠江三角洲与智利的伦加河口与日本的东京湾。海河干流河口沉积物多环芳烃的污染程度则普遍高于国内外的河口，但是低于日本的东京湾和美国的旧金山湾。

表 3-14　各采样点沉积物中∑PAH 的浓度　　　　单位：ng/g

采样点	样品	检测项目	范围	平均值	参考文献
滦河河口	表层沉积物	16 种 PAHs	54.69～353.10	171.59	本研究
海河河口	表层沉积物	16 种 PAHs	183.32～15901.00	6553.55	本研究
漳卫新河河口	表层沉积物	16 种 PAHs	23.35～4214.48	822.20	本研究
滦河	表层沉积物	16 种 PAHs	ND～478	—	曹志国等,2010
海河	表层沉积物	16 种 PAHs	445～2185	964	程远梅等,2009
黄河口	表层沉积物	16 种 PAHs	47.40～202.63	101.60	刘宗峰,2008
大亚湾	表层沉积物	16 种 PAHs	115～1134	481	邱耀文等,2004

续表

采样点	样品	检测项目	范围	平均值	参考文献
长江口	表层沉积物	16 种 PAHs	355.72～2480.85	1040.29	周俊丽等，2009
珠江三角洲	表层沉积物	25 种	138～6793	—	罗孝俊等，2006
默西河口，英国	表层沉积物	16 种 PAHs	626～3766	—	C. H. Vane 等，2007
伦加河口，智利	表层沉积物	16 种 PAHs	290～6118	2025	Karla 等，2011
东京湾，日本	表层沉积物	16 种 PAHs	534～292370	9546	Chanbasha 等，2003
旧金山湾，美国	表层沉积物	21 种	2653～27680	7457	Wilfred 等，1996

应用综合污染指数法对各采样点沉积物中 16 种多环芳烃进行评价。Long 等在对河口生态系统沉积物中多环芳烃和生物效应浓度之间的关系进行广泛总数研究的基础上确定了 12 种多环芳烃的低效应阈值浓度（effects range low，ERL）和中等效应阈值浓度（effects range media，ERM），本研究根据各种多环芳烃的毒性系数，推断出 BbF、BkF、InP、BghiP 的低效应阈值浓度，并以此作为沉积物中多环芳烃的评价标准，具体见表 3-15（Long 等，1995）。沉积物中多环芳烃的评价因子有 3～15 个，因此综合污染指数小于 16 表示低污染水平，16～32 表示中度污染水平，32～64 表示重度污染水平，高于 64 表示高污染水平。

表 3-15　沉积物中 16 种多环芳烃的低效应阈值浓度　单位：ng/g

种类	Nap	Ace	Acp	Fl	Phe	An	Flu	Pyr
ERL	160	44	16	19	240	85.3	600	665

种类	BaA	Chr	BbF	BkF	BaP	DbA	InP	BghiP
ERL	261	384	261	261	430	63.4	261	24

沉积物中多环芳烃的综合评价结果见图 3-11。5 月仅 S6 处于高污染水平，其他各采样点均处于低污染水平；8 月仅 S7 处于高污染水平，S6 处于重污染水平，S11 处于中污染水平，其他各采样点均处于低污染水平；11 月仅 S6 处于高污染水平，S11 处于中污染水平，其他各采样点均处于低污染水平。从各河口来看，污染水平最低的是滦河河口，在 3 个季节均处于低污染水平；污染水平最高的是海河干流河河口，仅 S5 处于低污染水平；污染水平居中的是漳卫新河河口，仅 S11 处于中污染水平。

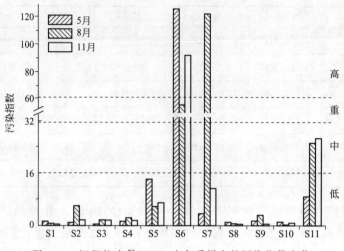

图 3-11　沉积物中∑PAHs 在各采样点的污染指数变化

3.4　小结

本章首先分析了各采样点物理因素以及水体与沉积物中营养盐与石油类等有机污染物的浓度，利用综合污染指数法对各采样点营养盐及有机污染物的污染情况进行评价。结果表明海河干流河口各采样点沉积物类型主要分为粉砂和粒砂，水体与沉积物均呈碱性，且含氧丰富。然后分析得到水体中主要的富营养化的营养元素为氮，沉积物中则为磷；石油类等有机物严重污染水体，沉积物则未受到严重污染。空间分布上人为干扰较小的河口在丰水期呈现出自下而上污染程度加重的趋势。时间分布上受人为干扰较小的河口其污染指数表现为春季＜夏季＜秋季，受人为干扰和上游河流影响较大的采样点表现为春季＜秋季＜夏季。

本章分析了各采样点水体中重金属浓度的分布特征及其综合污染指数评价。总体上水体并未受到重金属的严重污染，污染综合评价结果显示 8 月和 11 月各采样点均处于重金属低污染水平，5 月为中等污染水平，但是水体在春季受 Pb 污染严重，夏季受 Zn 污染严重。沉积物受重金属污染比水体严重，大部分采样点处于中等污染水平，海河干流河口部分采样点处于重度污染水平。从污染元素来看，各采样点普遍受到 Mn 的严重污染，漳卫新河河口还受到 As 的中度污染，8 月份海河干流河口则同时受到多种重金属的中度污染。从空间分布来看，各种重金属均在各河口最下的采样点浓度最低，并且大部分重金属在滦河河口均表现为自下而上浓度升高的趋势。从时间分布来看，人为干扰较少的河口（滦河河口与漳卫新河河口）表现为 5 月份显著低于 8 月份，对于强人为干扰的河口（海河干流河口）则在 5 月和 8 月无显著性差异。5 月份海河干流河口污染指数显著高于滦河河口与漳卫新河河口，8 月份则表现为滦河河口显著低于海河干流河口与漳卫新河河口。各采样点沉积物普遍受到重金属 Mn 的重度或高度污染，同时海河干流河口与漳卫新河河口还受到 As 的中度污染，8 月份海河干流河口同时受到 Cr、Cu、Hg、Mn、Ni、Pb、Zn 多种重金属的中度污染。

　　水体中多环芳烃分析结果表明，各采样点处于高度或中度污染水平，有一定的生态风险。污染物主要由 2 环和 3 环多环芳烃组成，受石油污染严重。受渤海湾石油泄漏的影响，8 月份滦河河口与漳卫新河河口多环芳烃浓度呈现自下而上浓度降低的趋势。从时间变化来看，5 月份的浓度显著低于 8 月和 11 月。从空间变化来看，各河口间并无显著性差异（$P > 0.5$），海河干流河口由于人为干扰严重，无明显规律。从综合污染指数来看，各采样点均处于中度或高度污染水平，有一定的生态风险，需要引起注意。沉积物并未受到多环芳烃的严重污染，其组成以中、低环多环芳烃为主，滦河河口和漳卫新河河口大部分采样点均处于低污染水平，海河干流河口为重度污染水平。从空间分布来看，漳卫新河河口总多环芳烃浓度高于滦河河口与漳卫新河河口，且在人为干扰较少的河口出现下游采样点浓度低、上游采样点浓度较高的趋势。时间分布上各季节间无显著性差异。

第 4 章

不同河口分解者群落对于
水质的响应

4.1 研究区与研究方法

4.1.1 研究区概况

海河流域一共有 31 条河流。其中，滦河水系 13 条河流，均没有建设人工防潮闸；北三河水系中的潮白新河与蓟运河接入永定新河后，接入前蓟运河有蓟运河防潮闸、潮白新河有宁车沽防潮闸，起到泄洪、挡潮、蓄淡之作用；海河干流水系的海河干流与大沽排污河在大沽口处，其口附近有海河防潮闸与海河二道闸；大清河水系的河流有独流减河；子牙河水系的河流有子牙新河与青静黄排水渠，子牙新河与青静黄排水渠河口区共有四个防潮闸，其与北排河的新老挡潮闸组成了天津大港区的海口枢纽部分，此处人为影响十分强烈；黑龙港运东水系共有五条河流；漳卫南运河水系共有两条河流，其中漳卫新河前建设有辛集挡潮蓄水闸；徒骇马颊河水系共有五条河流。海河流域河口概况详见表 4-1。

表 4-1 海河流域河口概况简表

河流名称	水系名称	河口	闸坝名称	行政区划	遥感宽度/m
汤河、小汤河	滦河			河北秦皇岛	411.08
新河	滦河			河北秦皇岛	91.06
戴河	滦河			河北秦皇岛抚宁	103.04
洋河	滦河	洋河口村		河北秦皇岛抚宁	142.96
饮马河	滦河			河北秦皇岛昌黎	62.67
滦河	滦河	河北唐山乐亭		河北唐山乐亭	294.44
滦河岔	滦河			河北唐山乐亭	132.16
长河	滦河			河北唐山乐亭	515.66
大清河	滦河			河北唐山乐亭	135.14
双龙河	滦河	咀东		河北唐山滦南	125.54
沙河	滦河			河北唐山滦南	113.35
陡河	滦河	涧河村东		河北唐山丰南	39.83
蓟运河	北三河	天津汉沽北塘	蓟运河防潮闸	天津滨海新区	438.08

续表

河流名称	水系名称	河口	闸坝名称	行政区划	遥感宽度/m
潮白新河	北三河	入永定新河	宁车沽防潮闸	天津滨海新区	438.08
永定新河	北三河	接潮白新河		天津滨海新区	438.08
海河	海河干流	大沽口	海河防潮闸	天津滨海新区	1,656.58
海河干流、大沽排污河	海河干流	大沽口	海河二道闸	天津滨海新区	1,656.58
独流减河	大清河	北大港	独流减河防潮闸	天津滨海新区	251.34
子牙新河、青静黄排	子牙河	海口闸	子牙新河挡潮闸；滩地挡潮泄洪堰；青静黄排挡潮闸；16孔泄洪闸	天津滨海新区	214.53
北排河	黑龙港运东	岐口	北排河挡潮老闸；北排河挡潮新闸	河北沧州黄骅	33.14
捷地减河	黑龙港运东	高尘头		河北沧州黄骅	33.98
老石碑河	黑龙港运东	张巨河村北		河北沧州黄骅	59.57
南排河	黑龙港运东	南排河镇		河北沧州黄骅	98.79
黄南排干	黑龙港运东	徐家堡		河北沧州黄骅	54.27
漳卫新河	黑龙港运东	海丰口	辛集挡潮蓄水闸	河北沧州黄骅	339.90
宣惠河	黑龙港运东	付赵乡常庄		河北沧州黄骅	339.90
马颊河	徒骇马颊河	山东无棣	孙马村闸	河北滨州无棣	232.72
徒骇河	徒骇马颊河	沽化	坝上闸	河北滨州沽化	839.99
秦口河	徒骇马颊河	沽化		河北滨州沽化	839.99
潮河	徒骇马颊河	洼拉沟		河北滨州沽化	257.22
挑河	徒骇马颊河	王家洼拉		山东东营河口	51.92

滦河水系共有 13 条河流，滦河水系的各河流水质相对清洁，并且各河口没有人工闸坝影响。海河干流河口是海河流域最主要的河口，宽 1656.58米左右。海河干流一直存在严重的污染，并且多条海河流域其他水系的河流汇入干流，在海河闸后从大沽排污河汇入渤海，河口处水质为劣Ⅴ类。

在海河流域的所有河口中，滦河河口受人为影响相对较小，水质也相对较好。海河干流河口是受人为影响最强烈的河口。因此，按照河口水质及受人为干扰程度，本研究选择滦河河口、海河干流河口作为研究区域。

采样点布点原则：（1）在用水地点处布设样点；（2）污水流入河流后，在充分混合处布设样点，并在流入前的地点布设样点；（3）支流并入主流后，在充分混合处及混合前的主流与支流处分别布设样点；（4）在工厂、大桥、农田等对水质可能有影响的区域布设采样点（水质采样技术指导，2009）。

海河干流的河口从海河防潮闸上游处至河流处共布设 6 个采样点，海河干流河口采样点经纬度详见表 4-2，海河干流河口采样点分布详见图 4-1。

表 4-2　海河干流河口采样点经纬度表

采样点	北纬（N）	东经（E）
P1	38°59.24′	117°42.79′
P2	38°59.51′	117°42.32′
P3	38°58.09′	117°42.32′
P4	38°58.09′	117°44.49′
P5	38°58.09′	117°48.19′
P6	38°55.86′	117°44.15′

滦河河口潮区界位于姜各庄标上村，根据采样点布设原则 ［（1）在用水地点处布设样点；（2）污水流入河流后，在充分混合处布设样点，并在流入前的地点布设样点；（3）支流并入主流后，在充分混合处及混合前的主流与支流处分别布设样点；（4）在工厂、大桥、农田等对水质可能有影响的区域布设采样点（水质采样技术指导，2009）］，从姜各庄标上村上游处至滦河处共布设 25 个采样点，滦河河口采样点经纬度详见表 4-3。滦河河口采样点分布详见图 4-2。其中 22、23、24、25 这 4 个采样点位于海滨湿地，滦河河口处的海滨湿地现在均已被开发建设成为水产养殖基地，主要养殖海参、海虾、贝类等经济海产品。

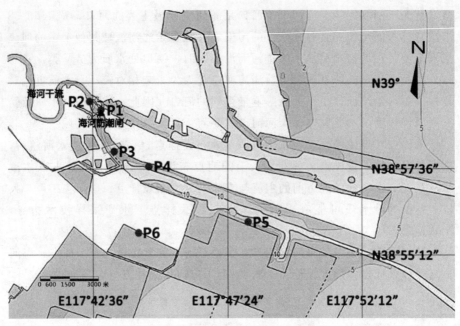

图 4-1　海河干流河口采样点分布图

表 4-3　滦河河口采样点经纬度表

采样点	北纬（N）	东经（E）
LHK01	39.472900°	119.080860°
LHK02	39.467159°	119.091822°
LHK03	39.467159°	119.091822°
LHK04	39.460253°	119.125721°
LHK05	39.460878°	119.133957°
LHK06	39.466571°	119.145340°
LHK07	39.469689°	119.151348°
LHK08	39.470928°	119.165169°
LHK09	39.471471°	119.179607°
LHK10	39.469052°	119.183003°
LHK11	39.454001°	119.195036°
LHK12	39.452670°	119.190870°
LHK13	39.450526°	119.199922°
LHK14	39.450094°	119.217636°

续表

采样点	北纬（N）	东经（E）
LHK15	39.446362°	119.235153°
LHK16	39.441263°	119.243737°
LHK17	39.430563°	119.279525°
LHK18	39.416626°	119.269429°
LHK19	39.428001°	119.285615°
LHK20	39.418086°	119.253010°
LHK21	39.424581°	119.294412°
LHK22	39.421194°	119.289200°
LHK23	39.421886°	119.289316°
LHK24	39.435183°	119.276636°
LHK25	39.439742°	119.264203°

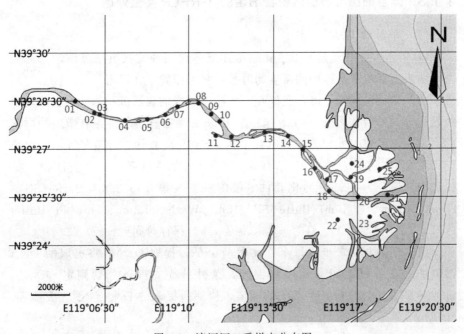

图 4-2　滦河河口采样点分布图

4.1.2 样品采集及相关指标的测定

每个布设样点分别采集表层水样和河底表层沉积物样品，表层水取样深度为水面下 0.1～0.3m 处，每个样点采集 1L 表层水样至洁净无菌的避光密封采样瓶中；采用柱状底泥采样器采集河底表层沉积物样品至洁净无菌的避光密封袋中。所采样品即刻放入 4℃便携冰箱低温保存，运输送回实验室后置于−20℃恒温冰箱中冷冻保存。将经−20℃完全冷冻后的河底表层沉积物样品放入冷冻干燥机中进行冻干脱水处理（赵大勇等，2013），冻干后置于无菌密封袋中抽真空后避光置于−20℃恒温冰箱中冷冻保存。

应用 YSI-6600 多参数水质分析仪在采样点对水质指标进行原位测定。测定水质指标包括：（1）温度；（2）电导率；（3）总溶解固体（TSD）；（4）盐度（Sal）；（5）溶解氧（DO）；（6）酸碱度（pH）；（7）氧化还原电位（ORP）；（8）硝氮（NO_3^-）；（9）铵氮/氨氮（NH_4^+、NH_3）；（10）氯离子浓度（Cl^-）；（11）叶绿素 a 浓度（Chla）。

4.1.3 浮游细菌与表层沉积物细菌的 T-RFLP 实验处理

（1）细菌的 DNA 提取

将 500mL 水样经过 0.22μm 的微孔滤膜使用抽滤机负压过滤，过滤完全后滤膜上存留了水样中的微生物群落，将滤膜置于无菌密封袋中抽真空后置于−20℃恒温冰箱冷冻避光保存。将冷冻干燥的表层沉积物样品去除动植物残体等杂质后，称取 300mg 样品于 1.5mL 离心管中，将存有微生物群落的滤膜用灭菌剪刀处理为碎片状后装入 1.5mL 离心管中（董萍等，2011），应用上海生工生产制造的 Ezup 柱式土壤 DNA 抽提试剂盒提取总 DNA。抽提试剂盒组分为：50 套纯化套件（吸附柱＋收集管）、25mL Buffer SCL、25mL Buffer SP、40mL Buffer SB、15mL Wash Solution、5mL TE Buffer（pH 8.0）。试剂盒于室温 15～25℃保存，4℃保存时间更长。

根据试剂盒要求步骤每个样品做两个平行提取 DNA。将提取的 DNA溶液加入 Tris 缓冲液进行稀释混匀，紫外分光光度计分别测定 OD260、OD280 以及 OD260 与 OD280 的比值，检测所提取的 DNA 纯度（凌洁等，2012）。

（2）浮游细菌与沉积物细菌的 16sRNA 片段扩增与纯化

PCR 反应的扩增引物为细菌通用引物 8F（5′-AGAGTTTGATCCTG-

GCTCAG-3′) 和 1492R (5′-GGTTACCTTGTTACGACTT-3′)，其中正向引物 8F 的 5′端用 FAM 荧光素进行标记。PCR 扩增试剂采用上海生工公司生产制造的即用 PCR 扩增试剂盒。上海生工公司生产制造的即用 PCR 扩增试剂盒组分为：0.5mL 2×PCR Master、1mL Sterilized ddH$_2$O、0.5mL MgCl$_2$ (25mmol/L)。试剂盒低温运输，−20℃保存。

即用 PCR 扩增试剂盒标准操作步骤如下。①模板 DNA 准备：基因组 DNA，反应体系中模板浓度推荐范围为 1～10μg/mL；质粒或噬菌体 DNA 浓度为 0.1～1μg/mL。②引物准备：引物浓度推荐范围为 0.05～1μmol/L。③在无菌洁净的 PCR 管中依次加入以下溶液：采用 40μL 的 PCR 反应体系：9μL Taq PCR Master Mix (TaKaRa)，2μL 上海生工公司生产制造合成的正反引物，1μL DNA 模板，26μL ddH$_2$O。④充分混匀后短暂离心。⑤加适量的矿物油。将反应管置于 PCR 仪中反应。对于有热盖的 PCR 仪可不加矿物油。

PCR 反应条件具体为：预变性阶段，温度 94℃持续 4min；变性阶段，温度 94℃持续 30s；退火阶段，温度 55℃持续 30s；延伸阶段，72℃持续 60s；变性、退火、延伸各阶段各做 30 次循环；最终延伸阶段，温度 72℃持续 10min。每个样品的模板设置 4 个重复，以降低 PCR 假象以及偏好性。实验过程中，PCR 扩增产物注意进行避光和无菌处理。

用 1% 的琼脂糖凝胶电泳检测 PCR 扩增产物的纯度（尹海权等，2012）：①称取 0.4g 琼脂糖粉末，置入 50mL 的锥形瓶中，将 50×TAE 电泳缓冲液稀释至 1×TAE 电泳缓冲液，并使用量筒量取 50mL 的 1×TAE 电泳缓冲液，倒入装有 0.4g 琼脂糖粉末的锥形瓶中，轻轻摇晃混匀。②将混匀后的锥形瓶置于微波炉中加热熔化成为混合溶液，加热至溶液沸腾，琼脂糖粉末完全充分地熔化。将其置于通风橱中冷却到 40～60℃，在琼脂糖凝固前加入 1.0μL 的染色剂，轻轻摇晃混匀，避免出现气泡。③将封好胶条的制胶板放在制胶槽中，放入制胶梳，用于制作电泳胶孔。将琼脂糖溶液缓慢均匀地倒入制胶槽中。④在室内常温下，将制胶槽放置于通风橱内30～40min，凝胶完全凝固后，缓慢拔出制胶梳，然后将制胶板与凝胶置于电泳槽中。⑤在电泳槽中加入 1×TAE 电泳缓冲液，加溶液至稍没过凝胶表面。⑥将 2μL PCR 扩增产物与 6×loading buffer 以约为 5∶1 的体积比例混合，使用微量移液器将液体轻轻吸打混匀，再缓慢加入电泳胶孔中，并平行加入 DNA Marker DL1000 (100～1000) 作为标记。⑦完成加样之后，将电泳槽盖子盖上，打开电泳仪电源，电压设置为 120V，电泳进行 20～30min，直至染色剂移动到适当距离。⑧关闭电泳仪电源后，打开电泳槽盖子，轻轻取出胶板上的凝胶，取出的过程要谨慎小心，特别避免凝胶破碎。⑨将凝胶小心置于多功能凝胶成像系统仪器中，打开仪器软件程序，成像时先开启白色照明光源找到凝胶位置，随后打开紫外照明光源，观察并拍摄凝胶上的条带成像。

（3）浮游细菌与表层沉积物细菌的纯化产物酶切与脱盐

将每个样品的 4 个平行 PCR 产物混合，应用上海生工制造生产的磁珠法 PCR 产物纯化试剂盒对产物进行纯化处理。磁珠法 PCR 产物纯化试剂盒组分为：5mL Buffer MP、600μL MagicMag Beads 和 5mL TE Buffer（pH 8.0）。试剂盒中的 MagicMag Beads 需要置于 2~8℃下保存，其余试剂室温保存。试剂盒是利用磁性纳米分离技术从 PCR 反应产物及其他酶促反应物中，提取纯化高质量 DNA，操作简单、快速，并能有效地除去蛋白质、dNTP、引物等杂质，适用于自动化核酸纯化平台，纯化后的 DNA 可以应用到各类下游分子生物学实验。试剂盒具有以下特点：①适用范围和回收效率高，100bp~50kb 之间的 DNA 片段回收效率大于 95％。②样品体积范围广，不需要离心。③操作简单快速，20~30min 完成核酸纯化。④实现核酸纯化高通量化和自动化。

磁珠法 PCR 产物纯化试剂盒标准纯化步骤如下。自备材料：磁力置放架、恒温水浴锅、1.5mL 离心管以及 85％乙醇。①将 20~50μL 的 PCR 反应液或酶促反应液移至无菌的 1.5mL 离心管中，按 2:3 的比例加入相应体积的 Buffer MP。②加入 10μL 的 MagicMag Beads，吸打混匀，室温下静置 1min。向离心管中加 MagicMag Beads 之前，请充分混匀。必须将 MagicMag Beads 添加到液面下，并保证枪上残留 MagicMag Beads 处理干净。处理多个样品时，可先将 Buffer MP 与 MagicMag Beads 按上述比例混匀，然后向每个离心管中加入相应量的混合液。③将离心管放置在磁力支架上 30s，待 MagicMag Beads 完全吸附在管壁后，将上清液吸弃，取下离心管。吸弃上清液前，若管口沾有少量 MagicMag Beads，请用上清液将其洗至离心管内，以确保所有 MagicMag Beads 吸附至管壁上。④加入 20~50μL 的 TE Buffer（pH 8.0），65℃水浴 5~10min，间或混匀。请将离心管壁上所有 MagicMag Beads 悬浮在 TE Buffer 中。若浓缩 PCR 产物，按照实验要求可以减少洗脱液的体积。根据实验需要可以将 TE Buffer 用无菌的双蒸水（pH＞7.5）代替。⑤将离心管放置在磁力支架上 30s，MagicMag

Beads 完全吸附在管壁后，吸取上清液到新离心管，即获得纯化产物。吸取上清液前，请确保 MagicMag Beads 完全吸至管壁，请勿吸入 MagicMag Beads，否则影响产物纯度。

完成上述步骤后，用限制性内切酶 MspI（NEB）对纯化产物进行酶切，酶切体系为 $50\mu L$ 反应体系，具体为：$6\mu L$ 限制性内切酶 MspI，$24\mu L$ NEB 缓冲液，$20\mu L$ PCR 纯化产物；酶切时间定为 30min。酶切之后的酶切产物用 $65\,^\circ\!C$ 恒温水浴进行灭活操作 30min。

对酶切产物进行脱盐（张惠，2012），将 $1\mu L$ 10mg/mL 的糖原加入 $20\mu L$ 酶切产物中，再加入 $2\mu L$ 的 3M 乙酸钠溶液，随后再向混合溶液中加入 $50\mu L$ 的 $-20\,^\circ\!C$ 无水乙醇，用微量移液器将液体轻轻吸打混匀，放置于 $-20\,^\circ\!C$ 恒温冰箱中静置沉淀避光过夜。沉淀完全后，将样品离心处理，转速 14000r/min，离心时间 20min。离心后弃去上清液。将留有沉淀的离心管在通风橱中干燥 30min，干燥过程中特别注意将离心管用锡纸避光，待乙醇全部挥发后，在离心管中加入 $20\mu L$ 的去离子水溶解底部沉淀。

（4）细菌 T-RFs 片段毛细管电泳检测

$2\mu L$ 酶切产物中加入 $0.15\mu L$ DNA Size Standard Kit-600 溶液，然后加入 Sample Loading Solution 溶液至混合溶液最终体积为 $30\mu L$，然后置于基因组（GenomeLab）GeXP 型遗传分析系统中进行检测，每个样品设置三个平行。

4.1.4　数据处理与分析方法

应用基因组实验室系统（genomelab system）中的片段分析（fragment analyse）软件分析毛细管电泳仪的检测结果。荧光信号值被识别的最小荧光量阈值设为 500RFU，荧光信号通过软件被转化为相对应的限制性末端片段的长度和峰值。选择每个样品的三个平行测试中反复出现的限制性末端片段数据。不同长度的限制性末端片段代表一种细菌，因此 T-RFLP 图谱上的每一个峰至少代表一种细菌。假设 T-RFLP 图谱中的每一个峰值片段作为一个运算分类单位（operational taxonomic unit，OTU），每个 OTU 即每种细菌。细菌相对丰度的计算方法为：此种细菌的 OTU 峰值数据的峰面积与该样点所有峰值数据的总峰面积的比值。并根据所有 OTU 的相对丰度值，将相对丰度小于 1% 以及片段大小低于 50bp 的限制性片段作为冗余或杂质碎片将其数据去除。

应用物种多样性指数与均匀度指数描述河口生态系统中细菌群落的物种

数量和个体分布情况，以 OUT 为单位进行多样性指数和均匀度指数的计算，计算公式如下：

$$H' = -\sum_{i}^{s} P_i \ln P_i \tag{4-1}$$

$$E = \frac{H'}{\ln S} \tag{4-2}$$

式中，S 为该样点的基因丰富度，其数值为 T-RFs 个数；P_i 代表第 i 种细菌的 OTU 的峰值数据面积与该样点所有峰值数据的总峰面积的比值，即 $P_i = N_i/N$，N_i 为第 i 种 OTU 的峰值数据面积，N 为该样点所有峰值数据面积的和，即 P_i 是第 i 种细菌的丰度；H' 为该样点的 Shannon-Weiner 指数；E 为该样点的均匀度指数。

利用微生物群落多样性数据分析软件 NTsys 对各样点数据进行聚类分析，将 T-RFLP 原始数据转换为二进制矩阵数据，采用非加权配对算数平均法（unweighted pair group method with arithmetic averages，UPGMA）计算，以 SM 系数表示相似系数。应用 SPSS 软件的 Scale Analysis（度量工具）可以将各采样点细菌群落的组成空间分布变为可视化二维平面图，直观地反映各样点细菌群落的相关关系。在多维尺度分析方法中，用压力系数和 RSQ（R square）对多样性数据与二维可视化平面图之间的适合度进行评价，压力系数越小或 RSQ 越大则代表被分析的二者的适合度越高。

典范对应分析方法（canonical correspondence analysis，CCA）可以分析多个环境因子与生物群落的相关关系，从而更好地反映生物群落对环境因子的响应。应用 Canoco for Windows 4.5 软件进行典范对应分析，并应用蒙特卡罗检验对典范对应分析的分析结果进行可靠性检验。

4.2 海河干流河口与滦河河口水质比较分析

4.2.1 海河干流河口的水质状况

2014 年 1 月，于海河干流河口采集分析样品，一共设置 6 个采样点，其中 2 个采样点（P1、P2）位于海河防潮闸上，4 个采样点（P3、P4、P5、P6）位于海河防潮闸下。应用 YSI-6600 多参数水质分析仪在采样点对水质指标进行原位测定。测定水质指标包括：(1) 温度；(2) 电导率；(3) 总溶解固体（TSD）；(4) 盐度（Sal）；(5) 溶解氧（DO）；(6) 酸碱度（pH）；

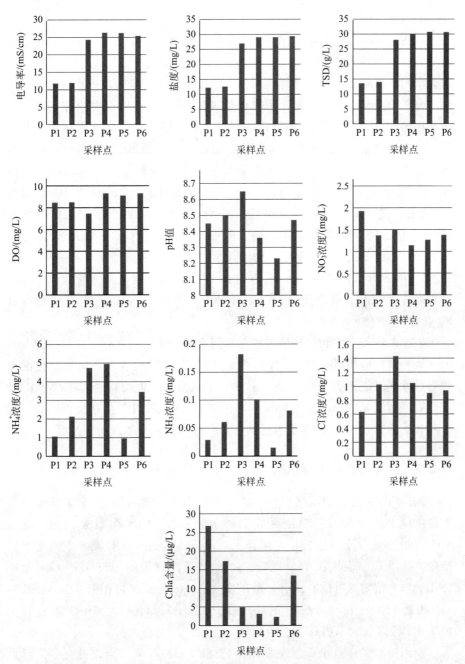

图 4-3　海河干流河口采样点水质情况

（7）氧化还原电位（ORP）；（8）硝氮（NO_3^-）；（9）铵氮/氨氮（NH_4^+、NH_3）；（10）氯离子浓度（Cl^-）；（11）叶绿素 a 浓度（Chla）。

从图 4-3 可得出：各采样点 pH 均呈现偏碱性；溶解氧（DO）闸下较闸上高；闸下的 P4、P5、P6 点的盐度较闸上的 P1、P2 点均高出一倍以上；电导率闸下采样点较闸上采样点高出一倍以上；闸下口处水质受海水潮汐作用混合影响明显。闸上与闸下采样点总溶解固体（TSD）同样有差别，闸下采样点的 TSD 均高出闸上采样点一倍以上，并沿方向总溶解固体呈上升趋势；硝态氮含量 P1 点总体最高，为 1.926mg/L，硝态氮含量 P4 点总体最低，为 1.141mg/L。P5 点的氨氮/铵氮含量总体最低，为 0.975mg/L；P4 点的氨氮/铵氮含量总体最高，为 5.048mg/L；P2、P3、P4 和 P6 点的氨氮/铵氮含量均高于海河干流市区段 1986～2009 年的氨氮/铵氮的平均值 1.33mg/L（杨灿灿等，2013）。闸上的 P1、P2 点叶绿素 a（Chla）浓度含量高于闸下的 P3、P4、P5 点，P1 点是闸上距离海河防潮闸最近的采样点，此点 Chla 含量总体最高，为 26.7μg/L；P5 点 Chla 含量总体最低，此点在所有采样点中距离海洋最近，Chla 含量为 2.3μg/L；P1 点的 Chla 浓度是 P5 点的 11.6 倍。

依据中华人民共和国环境保护部和国家质量监督检验检疫总局共同发布的《地表水环境质量标准》（GB 3838—2002）中的地表水环境质量标准基本项目标准限值作为衡量标准。全部 6 个点位 pH 值均符合标准要求；P3 点溶解氧达到Ⅱ类标准，其余各点均达到Ⅰ类标准；P5 点氨氮和总氨指标达到Ⅱ类标准，P1 点达到Ⅲ类标准，其余各点均为Ⅴ类或劣于Ⅴ类。

4.2.2　滦河河口的水质状况

2014 年 11 月，于滦河河口采集分析样品，一共布设 25 个采样点，从姜各庄标上村处的滦河口潮区界上游 10km 处起始至河口处截止。应用 YSI-6600 多参数水质分析仪在采样点对水质指标进行原位测定。测定水质指标包括：（1）温度；（2）电导率；（3）总溶解固体（TSD）；（4）盐度（Sal）；（5）溶解氧（DO）；（6）酸碱度（pH）；（7）氧化还原电位（ORP）；（8）硝氮（NO_3^-）；（9）铵氮/氨氮（NH_4^+、NH_3）；（10）氯离子浓度（Cl^-）；（11）叶绿素 a 浓度（Chla）。

滦河河口采样点水质情况见图 4-4。除 LHK05 采样点以外，各采样点酸碱度（pH）均呈现偏碱性。pH 值最高点出现在 LHK10 采样点，pH 值

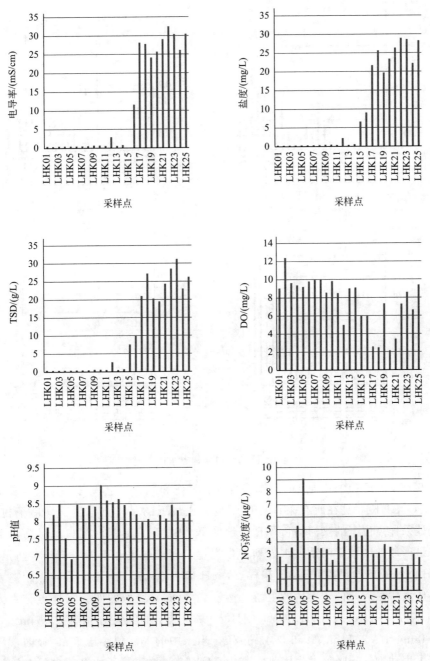

图 4-4

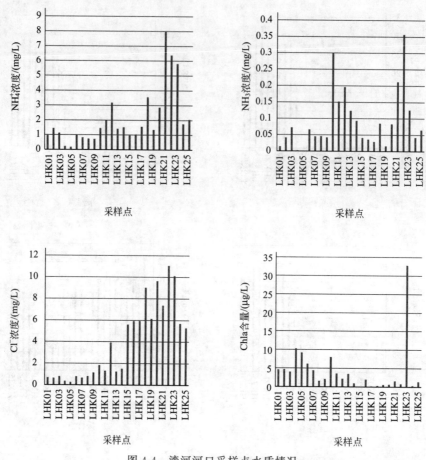

图 4-4　滦河河口采样点水质情况

为 9.02，LHK10 采样点的左岸为森林、村庄和风力发电，右岸为森林和采砂场，LHK10 是在所有采样点中距离村庄最近的采样点，位于马良子村，此处采样点位于的滦河河口马良子地区呈"S"形，是滦河河口地区防汛形势最严峻的区域，雨季洪水强烈冲击堤埝，河流中建有丁坝用于防洪防汛。pH 值最低点出现在 LHK05 采样点，pH 值为 6.95，LHK05 采样点距离姜各庄大桥最近，位于大桥的上游。溶解氧（DO）最低的四个采样点分别为 LHK17、LHK18、LHK20 和 LHK21 采样点，DO 值分别为 2.57mg/L、2.48mg/L、2.14mg/L 和 3.43mg/L，当水中的 DO 值小于 5mg/L 时，部分水生动物的呼吸就发生困难。其中 LHK17 采样点位于水产养殖场与滦河相通的排水沟渠，水产养殖场通过此沟渠将养殖污水排入滦河，LHK18 位于排污沟渠与滦河河流水的充分汇合处，上述二者的溶解氧值都很低；LHK20 位于另外一条水产养殖场与滦河相通的排污沟渠，LKH21 位于此条排污沟渠与滦河河流水的充分汇合处，LHK20 与 LHK21 的溶解氧分别为 2.14mg/L 和 3.43mg/L，LHK21 的溶解氧有所增高，由于 LHK21 采样点处于滦河与海岸的交接处，受海水潮汐混合搅动的影响。盐度、电导率与总溶解固体（TSD）呈相似的变化趋势，总体沿方向呈上升的趋势。其中 LHK01～LHK14 采样点，除 LHK12 采样点以外，盐度均小于 1mg/L，TSD 均小于 1g/L。LHK12 采样点的盐度为 2.19mg/L，TSD 为 2.671g/L，较周围采样点稍有升高，但低于 LHK15～LHK25 采样点。LHK12 采样点位于一处汇入滦河干流的微小支流处，水质清洁并且有鱼类等水生生物存在。从 LHK15 起始往下游的采样点盐度和总溶解固体含量开始升高，LHK15 采样点的盐度为 6.65mg/L，总溶解固体为 7.541g/L。在LHK15～LHK25 采样点中，总体最高点在 LHK23 点，盐度为 28.56mg/L，总溶解固体达到 31.17g/L；LHK22～LHK25 采样点位于海滨湿地，被开发为水产养殖场所，主要养殖海参、海虾、贝类等经济海产品，人为控制的盐度都较高。硝态氮含量 LHK05 采样点总体最高，为 9.0799mg/L，硝态氮含量 LHK21 采样点总体最低，为 1.7906mg/L；25 个采样点的硝态氮含量平均值为 3.6151mg/L。LHK05 采样点的硝态氮含量明显高于平均值，也明显高于其他点位的硝态氮含量，LHK05 采样点距离姜各庄大桥最近，位于大桥的上游，河中心有河漫滩，水流流速缓慢。LHK05 采样点的氨氮/铵氮含量总体最低，为 0.18mg/L；LHK21 采样点的氨氮/铵氮含量总体最高，为 8.238mg/L。LHK21 采样点位于滦河与海岸的交接处。25 个采样点的氨氮/铵氮平均含量为 2.176mg/L，LHK21、LHK22、LHK23 三个采样点的氨氮/铵氮含量分别为 8.238mg/L、6.734mg/L、5.934mg/L，均显著高于平均值，其中 LHK22 与 LHK23 采样点位于海滨湿地，被开发为水产养殖场所，同样位于河流北岸的 LHK24 与 LHK25 采样点的氨氮/铵氮处于平均水平。LHK15 采样点的叶绿素 a（Chla）含量总体最低，为 0.1μg/L；LHK23 采样点的叶绿素 a（Chla）含量异常高，为 32.8μg/L。LHK23 采样点位于水产养殖场内的排污沟渠内，沟渠内水草丛生，水质浑浊。LHK15 采样点上游的 Chla 含量都要高于 LHK15 采样点下游的 Chla 含量，TSD、盐度与电导率也以 LHK15 采样点为分界，上游的数值均较低，下游的数值均较高。由研究区概况与采样点布设滦河河口采样点分布图可知，从 LHK15 采样点起进入到滦河口三角洲的冲积扇平原，河口处海水的潮汐作用混合直接影响着河口的 Chla 含量、盐度、TSD 和电导率。在所有采样点中，LHK05 采样点的氨氮/铵氮含量最低，硝态氮含量最高，pH 值最低，除去 Chla 含量异常高的 LHK23 外，LHK05 点的 Chla 含量最高。

依据中华人民共和国环境保护部和国家质量监督检验检疫总局共同发布的《地表水环境质量标准》（GB 3838—2002）中的地表水环境质量标准基本项目标准限值作为衡量标准。除 LHK10 采样点外，其余全部 24 个采样点的 pH 值均符合标准要求，LHK10 水质偏碱性且 pH 值超过标准要求。LHK17、LHK18、LHK20 采样点的溶解氧达到 V 类标准，LHK12、LHK21 采样点的溶解氧达到 IV 类标准，LHK16 采样点的溶解氧达到 III 类标准，LHK15、LHK19、LHK22、LHK24 采样点的溶解氧达到 II 类标准，其余各点均达到 I 类标准。LHK04、LHK05 采样点的氨氮和总氨指标达到 II 类标准，LHK01、LHK07、LHK08、LHK09 采样点的氨氮和总氨指标达到 III 类标准，LHK02、LHK03、LHK06、LHK15、LHK16、LHK19 采样点的氨氮和总氨指标达到 IV 类标准，其余各点均为 V 类甚至劣于 V 类标准。

4.3 海河干流河口与滦河河口的细菌群落特征

4.3.1 海河干流河口的细菌群落特征

海河干流河口 P1 采样点位于海河防潮闸上，此点所处河段的河底与河岸硬质化，P6 采样点的河底为石砾，两个采样位点采集的河底表层沉积物样品提取的 DNA 含量极低，未能成功扩增细菌 16sRNA 片段。6 个样点中共发现 90 种不同的 T-RFs，T-RFLP 中的一个片段至少为一种细菌，表明在采样区域内至少有 90 种不同的细菌。种类最多的为 P6 点的浮游细菌，有 68 种 T-RFs；种类最少的为 P4 点的浮游细菌，有 3 种 T-RFs。

海河干流河口 Shannon-Weiner 指数各采样点差异较大，各采样点浮游细菌的 Shannon-Weiner 指数的变异系数为 37.11%；表层沉积物细菌的 Shannon-Weiner 指数的变异系数为 23.28%。详见图 4-5 和图 4-6。P3 采样点的浮游细菌 Shannon-Weiner 指数总体最大，为 3.51，其群落组成的复杂性最高。P4 采样点的浮游细菌 Shannon-Weiner 指数总体最小，为 1.00，其群落组成的复杂性最低。各样点的物种个体数目分配的均匀程度差别不

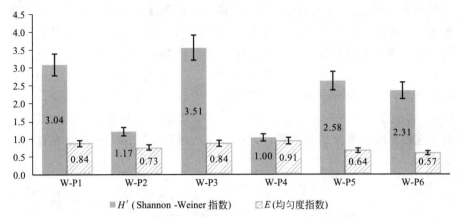

图 4-5　海河干流河口各采样点浮游细菌的 Shannon-Weiner 指数与均匀度指数

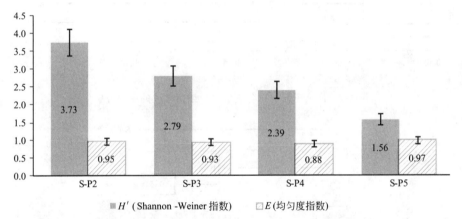

图 4-6　海河干流河口各采样点河底表层沉积物细菌的
Shannon-Weiner 指数与均匀度指数

大，各样点浮游细菌的均匀度指数的变异系数为 1.91%，表层沉积物细菌的均匀度指数的变异系数为 0.12%。表层沉积物细菌的 Shannon-Weiner 指数沿上游至下游方向呈下降趋势，浮游细菌的 Shannon-Weiner 指数沿此方向未有明显变化规律。

将海河干流河口的 T-RFLP 数据转换为二进制矩阵，进行聚类分析，进一步探讨细菌群落组成与空间分布特征。

聚类分析结果如图 4-7 和图 4-8 所示，海河干流河口各采样点浮游细菌中，P4 点的浮游细菌群落与 P2 点的浮游细菌群落相似性系数总体最高，为 0.9663，P4 点位于大沽排污河的下游，承接上游的排水，同时 P4 点的浮游细菌与 P2 点的浮游细菌的相似性也较高，一定程度上反映了海河干流上游来水与大沽排污河的上游来水的细菌相似性。P3 点的浮游细菌与其他样点的浮游细菌群落相似性最低，相似性系数为 0.5868。各采样点表层沉积物细菌中，P4 点的表层沉积物细菌群落与 P5 点表层沉积物细菌群落相似系数总体最高，为 0.9351，由河道的等深线看出，P4 点和 P5 点的等深均达到 10m，是位于清淤挖深的河道部分。P2 点的表层沉积物细菌群落与其他样点的沉积物细菌群落相似性最低，相似性系数为 0.7790。相似系数详见表 4-4 和表 4-5。

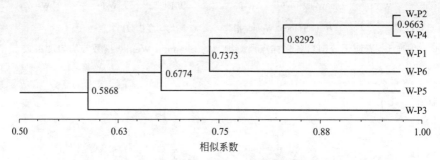

图 4-7　海河干流河口各表层水样细菌组成的聚类分析

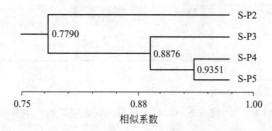

图 4-8　海河干流河口各河底表层沉积物样品细菌组成的聚类分析

4.3.2　滦河河口的细菌群落特征

滦河河口的 25 个采样点的浮游细菌群落一共检测出 216 种不同的 T-RFs 片段，T-RFLP 检测中的一个片段至少为一种细菌，表明在采样区域内浮游细菌至少有 216 种。浮游细菌群落中，细菌种类总体最多的 LHK08 采样点的浮游细菌群落，有 67 种 T-RFs，种类总体最少的为 LHK06 采样点的浮游细菌群落，有 5 种 T-RFs。25 个采样点的表层沉积物细菌群落一共检测出 226 种不同的 T-RFs 片段，表明在采样区域内表层沉积物中细菌至少有 226 种。种类总体最多的是 LHK02 采样点的沉积物细菌群落，有 81

表 4-4 滦河河口各表层水样细菌组成的相似系数

	S01	S02	S03	S04	S05	S06	S07	S08	S09	S10	S11	S12	S13	S14	S15	S16	S17	S18	S19	S20	S21	S22	S23	S24	S25
S01	0	0.016	0.023	0.038	0.019	0.015	0.016	0.056	0.027	0.018	0.027	0.055	0.072	0.056	0.032	0.032	0.091	0.050	0.044	0.062	0.055	0.037	0.035	0.041	0.081
S02	0.016	0	0.022	0.039	0.021	0.015	0.015	0.061	0.025	0.019	0.026	0.056	0.067	0.061	0.026	0.032	0.087	0.051	0.042	0.065	0.059	0.036	0.037	0.040	0.077
S03	0.023	0.022	0	0.045	0.029	0.026	0.026	0.069	0.031	0.027	0.031	0.061	0.077	0.065	0.034	0.034	0.087	0.059	0.043	0.070	0.059	0.039	0.038	0.045	0.082
S04	0.038	0.039	0.045	0	0.041	0.039	0.041	0.074	0.056	0.044	0.048	0.079	0.088	0.080	0.067	0.061	0.122	0.082	0.066	0.094	0.093	0.073	0.068	0.073	0.117
S05	0.019	0.021	0.029	0.041	0	0.017	0.016	0.060	0.032	0.023	0.030	0.064	0.074	0.063	0.041	0.041	0.097	0.062	0.052	0.071	0.064	0.046	0.047	0.052	0.081
S06	0.015	0.015	0.026	0.039	0.017	0	0.013	0.060	0.033	0.018	0.031	0.059	0.068	0.062	0.033	0.037	0.092	0.057	0.047	0.068	0.062	0.039	0.041	0.046	0.079
S07	0.016	0.015	0.026	0.041	0.016	0.013	0	0.049	0.025	0.016	0.022	0.055	0.063	0.058	0.034	0.034	0.089	0.055	0.046	0.064	0.059	0.037	0.039	0.043	0.077
S08	0.056	0.061	0.069	0.074	0.060	0.060	0.049	0	0.062	0.052	0.050	0.089	0.096	0.086	0.068	0.069	0.139	0.094	0.076	0.099	0.104	0.079	0.078	0.079	0.125
S09	0.027	0.025	0.031	0.056	0.032	0.033	0.025	0.062	0	0.030	0.026	0.061	0.077	0.068	0.039	0.044	0.093	0.059	0.043	0.063	0.062	0.045	0.040	0.044	0.081
S10	0.018	0.019	0.027	0.044	0.023	0.018	0.016	0.052	0.030	0	0.026	0.056	0.065	0.057	0.031	0.034	0.091	0.060	0.044	0.065	0.064	0.039	0.039	0.042	0.077
S11	0.027	0.026	0.031	0.048	0.030	0.031	0.022	0.050	0.034	0.026	0	0.059	0.062	0.046	0.036	0.031	0.091	0.060	0.046	0.072	0.071	0.044	0.044	0.042	0.086
S12	0.055	0.056	0.061	0.079	0.064	0.059	0.055	0.089	0.061	0.056	0.059	0	0.098	0.082	0.061	0.060	0.105	0.087	0.074	0.099	0.095	0.072	0.074	0.068	0.102
S13	0.072	0.067	0.077	0.088	0.074	0.068	0.063	0.096	0.077	0.065	0.062	0.098	0	0.088	0.074	0.080	0.123	0.110	0.084	0.118	0.108	0.087	0.098	0.078	0.138
S14	0.056	0.061	0.065	0.080	0.063	0.062	0.058	0.086	0.068	0.057	0.046	0.082	0.088	0	0.065	0.059	0.130	0.081	0.072	0.114	0.104	0.083	0.082	0.075	0.116
S15	0.032	0.026	0.034	0.067	0.041	0.033	0.034	0.068	0.039	0.031	0.036	0.061	0.074	0.065	0	0.025	0.086	0.050	0.045	0.068	0.066	0.038	0.040	0.043	0.071
S16	0.032	0.032	0.034	0.061	0.041	0.037	0.034	0.069	0.044	0.034	0.031	0.060	0.080	0.059	0.025	0	0.079	0.044	0.040	0.067	0.062	0.033	0.042	0.039	0.075
S17	0.091	0.087	0.087	0.122	0.097	0.092	0.089	0.139	0.093	0.091	0.091	0.105	0.123	0.130	0.086	0.079	0	0.096	0.097	0.127	0.125	0.059	0.075	0.059	0.093
S18	0.050	0.051	0.059	0.082	0.062	0.057	0.055	0.094	0.059	0.060	0.060	0.087	0.110	0.081	0.050	0.044	0.096	0	0.061	0.085	0.069	0.047	0.050	0.043	0.079
S19	0.044	0.042	0.043	0.066	0.052	0.047	0.046	0.076	0.043	0.044	0.046	0.074	0.084	0.072	0.045	0.040	0.097	0.061	0	0.087	0.071	0.053	0.047	0.046	0.098
S20	0.062	0.065	0.070	0.094	0.071	0.068	0.064	0.099	0.063	0.065	0.072	0.099	0.118	0.114	0.068	0.067	0.127	0.085	0.087	0	0.084	0.057	0.068	0.069	0.097
S21	0.055	0.059	0.059	0.093	0.064	0.062	0.059	0.104	0.062	0.064	0.071	0.095	0.108	0.104	0.066	0.062	0.125	0.069	0.071	0.084	0	0.059	0.067	0.065	0.099
S22	0.037	0.036	0.039	0.073	0.046	0.039	0.037	0.079	0.045	0.039	0.044	0.072	0.087	0.083	0.038	0.033	0.059	0.047	0.053	0.057	0.059	0	0.027	0.031	0.057
S23	0.035	0.037	0.038	0.068	0.047	0.041	0.039	0.078	0.040	0.039	0.044	0.074	0.098	0.082	0.040	0.042	0.075	0.050	0.047	0.068	0.067	0.027	0	0.031	0.071
S24	0.041	0.040	0.045	0.073	0.052	0.046	0.043	0.079	0.044	0.044	0.042	0.068	0.078	0.075	0.043	0.039	0.059	0.043	0.046	0.069	0.065	0.031	0.031	0	0.076
S25	0.081	0.077	0.082	0.117	0.081	0.079	0.077	0.125	0.081	0.077	0.086	0.102	0.138	0.116	0.071	0.075	0.093	0.079	0.098	0.097	0.099	0.057	0.071	0.076	0

表 4-5　滦河河口各采样点河底表层沉积物样品细菌组成的相似系数

	W01	W02	W03	W04	W05	W06	W07	W08	W09	W10	W11	W12	W13	W14	W15	W16	W17	W18	W19	W20	W21	W22	W23	W24	W25
W01	0	0.036	0.012	0.019	0.179	0.212	0.035	0.026	0.034	0.071	0.062	0.096	0.020	0.012	0.036	0.038	0.040	0.038	0.034	0.039	0.030	0.093	0.067	0.064	0.052
W02	0.036	0	0.042	0.027	0.157	0.171	0.036	0.028	0.031	0.053	0.044	0.083	0.036	0.042	0.037	0.038	0.046	0.047	0.038	0.052	0.038	0.102	0.071	0.075	0.064
W03	0.012	0.042	0	0.020	0.189	0.214	0.040	0.032	0.036	0.083	0.079	0.101	0.021	0.005	0.037	0.044	0.047	0.042	0.041	0.043	0.032	0.095	0.068	0.073	0.064
W04	0.019	0.027	0.020	0	0.167	0.188	0.026	0.024	0.026	0.063	0.055	0.089	0.018	0.020	0.032	0.035	0.040	0.041	0.038	0.043	0.030	0.087	0.062	0.071	0.055
W05	0.179	0.157	0.189	0.167	0	0.233	0.167	0.162	0.167	0.167	0.167	0.197	0.174	0.189	0.178	0.176	0.187	0.186	0.175	0.197	0.189	0.250	0.225	0.222	0.197
W06	0.212	0.171	0.214	0.188	0.233	0	0.193	0.191	0.194	0.213	0.165	0.255	0.213	0.213	0.193	0.194	0.219	0.217	0.216	0.230	0.204	0.283	0.259	0.233	0.227
W07	0.035	0.036	0.040	0.026	0.167	0.193	0	0.036	0.042	0.059	0.061	0.101	0.033	0.043	0.051	0.047	0.054	0.053	0.048	0.056	0.044	0.102	0.074	0.088	0.072
W08	0.026	0.028	0.032	0.024	0.162	0.191	0.036	0	0.027	0.064	0.054	0.092	0.029	0.031	0.038	0.041	0.037	0.033	0.040	0.030	0.030	0.093	0.067	0.066	0.052
W09	0.034	0.031	0.036	0.026	0.167	0.194	0.042	0.027	0	0.065	0.057	0.088	0.033	0.036	0.042	0.043	0.053	0.048	0.043	0.053	0.040	0.108	0.074	0.085	0.067
W10	0.071	0.053	0.083	0.063	0.167	0.213	0.059	0.064	0.065	0	0.039	0.121	0.074	0.086	0.069	0.069	0.077	0.072	0.072	0.085	0.077	0.128	0.094	0.107	0.082
W11	0.062	0.044	0.079	0.055	0.167	0.165	0.061	0.054	0.057	0.039	0	0.096	0.065	0.078	0.053	0.057	0.068	0.064	0.063	0.075	0.068	0.132	0.083	0.088	0.072
W12	0.096	0.083	0.101	0.089	0.197	0.255	0.101	0.092	0.088	0.121	0.096	0	0.089	0.109	0.075	0.088	0.111	0.088	0.108	0.105	0.101	0.159	0.118	0.126	0.112
W13	0.020	0.036	0.021	0.018	0.174	0.213	0.033	0.029	0.033	0.074	0.065	0.089	0	0.022	0.038	0.042	0.044	0.043	0.040	0.044	0.038	0.101	0.073	0.068	0.064
W14	0.012	0.042	0.005	0.020	0.189	0.213	0.043	0.031	0.036	0.086	0.078	0.109	0.022	0	0.037	0.042	0.044	0.043	0.039	0.043	0.033	0.094	0.073	0.073	0.064
W15	0.036	0.037	0.037	0.032	0.178	0.193	0.051	0.038	0.042	0.069	0.053	0.075	0.038	0.037	0	0.041	0.053	0.049	0.050	0.054	0.041	0.106	0.085	0.075	0.061
W16	0.038	0.038	0.044	0.035	0.176	0.194	0.047	0.041	0.043	0.069	0.057	0.088	0.042	0.042	0.041	0	0.026	0.026	0.025	0.026	0.027	0.088	0.047	0.071	0.048
W17	0.040	0.046	0.047	0.040	0.187	0.219	0.054	0.037	0.053	0.077	0.068	0.111	0.044	0.044	0.053	0.026	0	0.038	0.026	0.029	0.037	0.083	0.061	0.073	0.051
W18	0.038	0.047	0.042	0.041	0.186	0.217	0.053	0.033	0.048	0.072	0.064	0.088	0.043	0.043	0.049	0.026	0.038	0	0.034	0.036	0.037	0.088	0.050	0.068	0.053
W19	0.034	0.038	0.041	0.038	0.175	0.216	0.048	0.040	0.043	0.072	0.063	0.108	0.040	0.039	0.050	0.025	0.026	0.034	0	0.026	0.033	0.088	0.060	0.073	0.051
W20	0.039	0.052	0.043	0.043	0.197	0.230	0.056	0.030	0.053	0.085	0.075	0.105	0.044	0.043	0.054	0.026	0.029	0.036	0.026	0	0.035	0.088	0.061	0.072	0.051
W21	0.030	0.038	0.032	0.030	0.189	0.204	0.044	0.030	0.040	0.077	0.068	0.101	0.038	0.033	0.041	0.027	0.037	0.037	0.033	0.035	0	0.091	0.050	0.063	0.047
W22	0.093	0.102	0.095	0.087	0.250	0.283	0.102	0.093	0.108	0.128	0.132	0.159	0.101	0.094	0.106	0.088	0.083	0.088	0.088	0.088	0.091	0	0.113	0.130	0.091
W23	0.067	0.071	0.068	0.062	0.225	0.259	0.074	0.067	0.074	0.094	0.083	0.118	0.073	0.073	0.085	0.047	0.061	0.050	0.060	0.061	0.050	0.113	0	0.088	0.078
W24	0.064	0.075	0.073	0.071	0.222	0.233	0.088	0.066	0.085	0.107	0.088	0.126	0.068	0.073	0.075	0.071	0.073	0.068	0.073	0.072	0.063	0.130	0.088	0	0.066
W25	0.052	0.064	0.064	0.055	0.197	0.227	0.072	0.052	0.067	0.082	0.072	0.112	0.064	0.064	0.061	0.048	0.051	0.053	0.051	0.051	0.047	0.091	0.078	0.066	0

种 T-RFs；种类总体最少的为 LHK17 采样点的沉积物细菌群落，有 13 种 T-RFs。

滦河河口各采样点的 Shannon-Weiner 指数差异较大，各采样点浮游细菌群落的 Shannon-Weiner 指数的变异系数为 20.65%，表层沉积物细菌群落的 Shannon-Weiner 指数的变异系数为 17.54%。各采样点的浮游细菌群落中，LHK01 采样点的浮游细菌 Shannon-Weiner 指数总体最大，为 3.6，其群落组成的复杂性最高；LHK06 采样点的浮游细菌 Shannon-Weiner 指数总体最小，为 1.4，其群落组成的复杂性最低，LHK06 采样点位于姜各庄大桥的下游一公里处。各采样点的表层沉积物细菌群落中，LHK02 采样点的表层沉积物细菌群落 Shannon-Weiner 指数总体最大，为 4.02，其群落组成的复杂性最高；LHK18 采样点的表层沉积物细菌群落 Shannon-Weiner 指数总体最小，为 2.08，其群落组成的复杂性最低，详见图 4-9 和图 4-10。浮游细菌群落的 Shannon-Weiner 指数平均值为 2.59，表层沉积物细菌群落的 Shannon-Weiner 指数平均值为 3.03，表层沉积物细菌群落的 Shannon-Weiner 指数要高于浮游细菌群落的 Shannon-Weiner 指数。各采样点的物种个体数目分配的均匀程度差别也较大，各采样点浮游细菌的均匀度指数的变异系数为 10.94%，表层沉积物细菌的均匀度指数的变异系数为 7.58%。

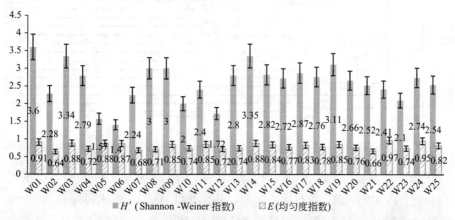

图 4-9　滦河河口各采样点浮游细菌的 Shannon-Weiner 指数与均匀度指数

滦河河口各采样点表层水样浮游细菌组成的聚类分析结果如图 4-11 所示，聚类分析将 25 个采样点的表层水样浮游细菌组成分为三类。第一类包括采样点 LHK01、LHK02、LHK03、LHK04、LHK07、LHK08、LHK09、LHK10、LHK11、LHK12、LHK13、LHK14、LHK15；第二类包括采样点

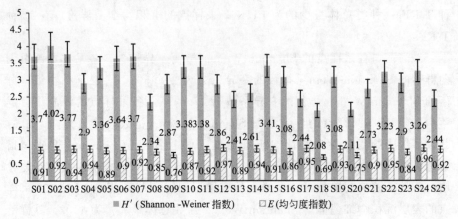

图 4-10 滦河河口各采样点河底表层沉积物细
菌的 Shannon-Weiner 指数与均匀度指数

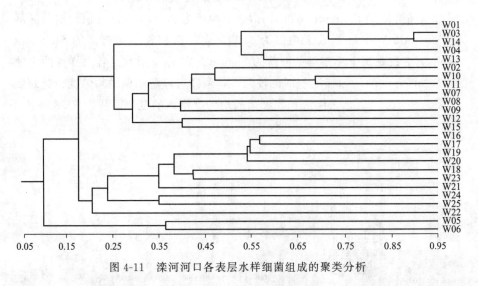

图 4-11 滦河河口各表层水样细菌组成的聚类分析

LHK16、LHK17、LHK18、LHK19、LHK20、LHK21、LHK22、LHK23、LHK24、LHK25；第三类包括采样点 LHK05 和 LHK06。LHK15 采样点的上游采样点除 LHK05 和 LHK06 采样点之外均归为第一类，LHK15 采样点下游的采样点均归为第二类。LHK05 采样点和 LHK06 采样点分别位于姜各庄大桥上游和下游一公里处。LHK06 采样点的浮游细菌 Shannon-Weiner 指数在 25 个采样点中最小，为 1.4，其群落组成的复杂性最低；LHK05 采样点的 pH 值最低，为 6.95，是唯一一个水质偏酸性的采样点，并且 LHK05 点的硝态氮含量明显高于 25 个采样点的平均值，同时也明显高于其他点位的硝态氮含量。

　　滦河河口各采样点表层沉积物细菌组成的聚类分析结果如图 4-12 所示，聚类分析将 25 个采样点的表层沉积物细菌组成分为两类。第一类包括采样点 LHK01、LHK02、LHK03、LHK04、LHK05、LHK06、LHK07、LHK08、LHK09、LHK10、LHK11、LHK12、LHK13、LHK14、LHK15。第二类包括采样点 LHK16、LHK17、LHK18、LHK19、LHK20、LHK21、LHK22、LHK23、LHK24、LHK25。同样，LHK15 采样点上游的采样点表层沉积物细菌组成归为一类，LHK15 采样点下游的采样点表层沉积物细菌组成归为一类。LHK15 采样点上游采样点的 Chla 含量都要高于 LHK15 采样点下游采样点的 Chla 含量，TSD、盐度与电导率也以 LHK15 采样点为分界，上游的值均较低，下游的值均较高，详见研究区概况与采样点布设滦河河口采样点分布图可知，从 LHK15 采样点起进入到滦河口三角洲的冲积扇平原区域。

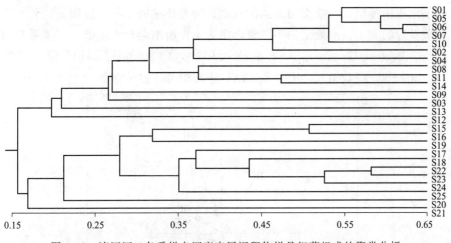

图 4-12　滦河河口各采样点河底表层沉积物样品细菌组成的聚类分析

4.4　细菌群落特征对水质的响应

4.4.1　海河干流河口细菌群落特征对水质的响应

　　海河干流河口细菌群落特征与水质指标的相关分析的蒙特卡罗检验结果（表 4-6）表明，8 个环境因子和首选排序轴 AX1 的检验值 $P<0.05$，与全

表4-6　海河干流河口细菌群落特征与环境因子相关分析的蒙特卡罗检验结果表

排序轴	1	2	3	4	总特征值
特征值	0.992	0.986	0.645	0.413	3.198
物种环境相关性	0.998	0.999	0.990	0.967	
物种方差	31.0	61.9	82.0	95.0	
物种环境方差	32.5	64.8	85.9	99.5	

部排序轴的检验值 $P<0.05$，均呈显著的相关关系。典范对应分析的前四个轴解释了95%的物种方差和99.5%的物种环境方差，表明CCA的分析结果能很好地反映8个环境指标与浮游细菌的群落特征变化的关系，同时表明8个环境指标可以很好地表达环境指标与浮游细菌的相关关系。首选排序轴（AX1）的特征值总体最大，为0.992，高于其余所有排序轴，环境指标沿此轴的变化对海河干流河口浮游细菌的分布影响最大。

海河干流河口细菌群落特征与水质指标相关分析的 CCA 双轴图用箭头表示水质指标项目，箭头到原点的长度代表此环境因子与浮游细菌的分布的相关系数的大小，所处于的不同象限则表示浮游细菌与水质指标相关系数的正负。如图 4-13 所示，8 个水质指标中，Cl^-、NH_4^+、pH 值、温度（Temp）、盐度（Sal）、NO_3^- 与 AX1 呈正相关，相关系数分别为 0.9120、

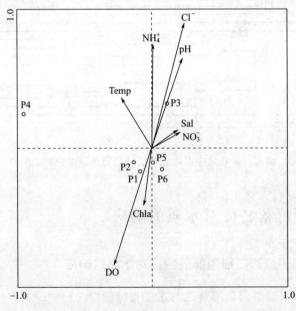

图 4-13　海河干流河口浮游细菌群落特征与环境因子相关分析的 CCA 双轴图

0.7557、0.6616、0.3716、0.1436、0.1222；Chla、DO 与 AX1 呈负相关，相关系数分别为 -0.3916、-0.8396。Cl^- 与 DO 两个环境因子与浮游细菌分布的相关性最大，相关性最小的是盐度和 NO_3^-。乔治城温约湾黑水河口的浮游细菌的群落组成与水质指标的相关性关系中，温度与 pH 值相关系数最高，分别为 0.710 与 0.694，DO 也较高为 0.671，相关性最小的盐度与亚硝酸盐的相关系数分别为 0.4180 和 0.4030（Emma 等，2014）。在海河干流河口与黑水河口的两个河口生态系统中，DO 对浮游细菌群落组成的影响都较高，盐度对浮游细菌群落组成的影响都较低。详见表 4-7。

表 4-7　海河干流河口浮游细菌群落特征与环境因子相关分析的相关系数表

环境因子	海河干流河口	黑水河口
Cl^-	0.9120	
NH_4^+	0.7557	
pH 值	0.6616	0.6940
温度	0.3716	0.7100
盐度	0.1436	0.4180
NO_3^-	0.1222	
NO_2^-		-0.4030
Chla	-0.3916	-0.5530
DO	-0.8396	0.6710

4.4.2　滦河河口细菌群落特征对水质的响应

滦河河口细菌群落特征与水质指标相关分析的蒙特卡罗检验结果（表4-8）表明，8 个环境因子与首选排序轴 AX1 的检验值 $P=0.001$，小于0.05，与全部排序轴的检验值 $P=0.014$，小于 0.05，均呈显著的相关关系，表明 CCA 分析的结果能非常好地反映 8 个环境指标与浮游细菌群落特征变化的关系，同时表明 8 个环境指标可以很好地解释环境指标与滦河河口浮游细菌的关系。

表 4-8　滦河河口细菌群落特征与环境因子相关分析的蒙特卡罗检验结果表

排序轴	1	2	3	4	总特征值
特征值	0.595	0.394	0.351	0.285	4.609
物种-环境相关性	0.985	0.972	0.961	0.943	
物种方差	12.9	21.4	29.1	35.2	
物种-环境方差	23.8	39.5	53.6	65.0	

滦河河口细菌群落特征与水质指标的 CCA 的四个排序轴与环境因子均极显著相关，物种和环境相关性依次分别为 0.985、0.972、0.961 和 0.943。物种和环境关系方差累计贡献率达到 65%。首选排序轴（AX1）的特征值总体最大，为 0.595，高于另外 3 个排序轴，环境指标沿此轴的变化对滦河河口浮游细菌的分布影响最大。如图 4-14 所示，8 个水质指标中，Cl^-、NH_4^+、温度（Temp）、盐度（Sal）与 AX1 呈正相关，相关系数分别为 0.8930、0.4130、0.3616 和 0.8791；pH 值、NO_3^-、Chla、DO 与 AX1 呈负相关，相关系数分别为 -0.1620、-0.1927、-0.3183 和 -0.7436。Cl^- 与盐度两个环境因子与浮游细菌分布的相关性最大，其次是溶解氧（DO），相关性最小的是 pH 值和 NO_3^-。因此可知，Cl^- 与盐度两个环境因子对滦河河口的浮游细菌组成与分布影响最高，影响最低的是 pH 值和 NO_3^-。对海河干流河口研究发现，Cl^- 与 DO 两个环境因子对浮游细菌组成与分布影响最大，影响最低的是盐度和 NO_3^-。可见，Cl^- 与 DO 两个环境因子对两个河口的浮游细菌组成与分布影响都较高，NO_3^- 对两个河口的浮游细菌组成与分布影响均为最低。详见表 4-9。

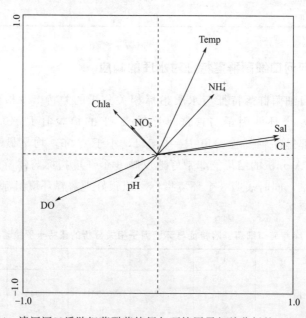

图 4-14 滦河河口浮游细菌群落特征与环境因子相关分析的 CCA 双轴图

表 4-9　滦河河口浮游细菌群落特征与环境因子相关分析的相关系数表

环境因子	滦河河口	海河干流河口
Cl^-	0.8930	0.9120
NH_4^+	0.4130	0.7557
pH 值	-0.1620	0.6616
温度	0.3616	0.3716
盐度	0.8791	0.1436
NO_3^-	-0.1927	0.1222
Chla	-0.3183	-0.3916
DO	-0.7436	-0.8396

4.5　小结

本章以海河干流河口与滦河河口为研究区，应用 T-RFLP（末端限制性片段长度多态性分析技术）分析河口细菌群落的分布与特征，并分析水质指标中影响细菌群落特征的主要影响因子。

海河干流河口的 6 个点位 pH 值均符合《地表水环境质量标准》（GB 3838—2002）要求。P3 点溶解氧达到 Ⅱ 类标准，其余各点均达到 Ⅰ 类标准。P5 点氨氮和总氨指标达到 Ⅱ 类标准，P1 点达到 Ⅲ 类标准，其余各点均为 Ⅴ 类。滦河河口的 25 个点位，除 LHK10 采样点外，其余全部 24 个点位 pH 值均符合标准要求，LHK10 水质偏碱性，pH 值超过标准要求。LHK17、LHK18、LHK20 采样点溶解氧达到 Ⅴ 类标准，LHK12、LHK21 采样点溶解氧达到 Ⅳ 类标准，LHK16 采样点溶解氧达到 Ⅲ 类标准，LHK15、LHK19、LHK22、LHK24 采样点溶解氧达到 Ⅱ 类标准，其余各点均达到 Ⅰ 类标准。LHK04、LHK05 采样点氨氮和总氨指标达到 Ⅱ 类标准，LHK01、LHK07、LHK08、LHK09 采样点氨氮和总氨指标达到 Ⅲ 类标准，LHK02、LHK03、LHK06、LHK15、LHK16、LHK19 采样点氨氮和总氨指标达到 Ⅳ 类标准，其余各点均为 Ⅴ 类甚至劣于 Ⅴ 类标准。

海河干流河口采样区域内至少有 90 种不同的细菌。浮游细菌的 Shannon-Weiner 指数的变异系数为 37.11%，表层沉积物细菌的 Shannon-Weiner 指数的变异系数为 23.28%。表层沉积物细菌的 Shannon-Weiner 指数沿上游至下游方向呈下降趋势，浮游细菌的 Shannon-Weiner 指数沿此方向未有明显变化规律。各采样点的物种个体数目分配的均匀程度差别不大，各采样点浮游细菌的均匀度指数的变异系数为 1.91%，表层沉积物细菌的均匀度指数的变异系数为 0.12%。

滦河河口的浮游细菌群落一共检测出 216 种不同的细菌，表层沉积物细菌群落一共检测出 226 种不同的细菌。各采样点的 Shannon-Weiner 指数差异较大，各采样点浮游细菌群落的 Shannon-Weiner 指数的变异系数为 20.65%，表层沉积物细菌群落的 Shannon-Weiner 指数的变异系数为 17.54%。各采样点的物种个体数目分配的均匀程度差别也较大，各采样点浮游细菌的均匀度指数的变异系数为 10.94%，表层沉积物细菌的均匀度指数的变异系数为 7.58%。

通过对滦河河口各采样点表层沉积物细菌组成的聚类分析，25 个采样点的表层沉积物细菌组成分为两类。第一类包括样点 LHK15 点上游点位，第二类包括样点 LHK15 点下游点位。浮游细菌也同样以 LHK15 点为分界，上、下游点位各为一类。LHK15 点上游的 Chla 含量都要高于 LHK15 点下游点位的 Chla 含量，TSD、盐度与电导率也以 LHK15 点为分界，上游的值均较低，下游的值均较高。由滦河河口采样点示意图可见，从 LHK15 点起进入到滦河口三角洲的冲积扇平原。

Cl^- 与盐度两个环境因子对滦河河口的浮游细菌组成与分布影响最高，影响最低的是 pH 和 NO_3^-。在海河干流河口，Cl^- 与 DO 两个环境因子对浮游细菌组成与分布影响最大，影响最低的是盐度和 NO_3^-。Cl^- 与 DO 两个环境因子对两个河口的浮游细菌组成与分布影响都较高，NO_3^- 对两个河口的浮游细菌组成与分布影响均最低。

第 5 章

典型河口生物膜群落对水环境的综合响应

生物膜是一个复杂的群落，可以反映各种污染物的效应，包括农药、化肥、杀虫剂、除草剂、重金属（Cd、Cr、As、Hg、Zn、Cu、Pb、Se）、石油类、多环芳烃等等，因此生物膜被认为是可靠的水环境指示生物，特别是对环境中有毒有害的危险物质有良好的指示作用（Blanco 等，2010）。生物膜刚开始的研究倾向于室内控制实验，对生物膜群落对各种污染物的响应进行研究，例如 Lawrence 等通过室内实验发现金属 Ni 可以明显减少蓝绿细菌的数量，并对光合作用产生抑制效果；Fang 等通过实验发现磷可以促进生物膜的生长（Lawrence 等，2004）。随后开始室内研究，研究多种污染物多生物膜的联合效应，例如 Ivorra 等通过室内研究认为重金属可以减少藻类的生物量，但是磷对生物膜生长的促进作用会对重金属造成的毒性效用有一定的补充作用（Ivorra 等，2002）。但是自然界的真实情况并不是只有单一或者少数几种污染物，而且复合污染的效应通常并不是单因子产生效应的简单相加，还可能有拮抗或协同作用产生，因此开展了大量的原位暴露实验的研究。例如 Spaenhoff 等通过对污水处理厂出水对生物膜群落的影响的研究表明，污水处理厂的出水会使生物膜中耐污种增加，细菌丰富度增加，叶绿素 a 的含量减少（Spaenhoff 等，2007）；Carlos 等通过对西班牙一个海洋渔场水质及人工基质生物膜的生物量和各种元素的分析，认为海洋渔场的污染物会使生物膜的生物量有所增加，并加强对营养盐、Se 等重金属的吸收和富集（Carlos 等，2007）；Delia 等通过对阿根廷拉普拉塔河口植物上的生物膜群落变化与水质变化的分析，认为在对照点和污染区，生物膜的生物量、物种多样性以及耐污种的比例有着显著性差异（Delia 等，2007）。这些研究无不说明生物膜是反映水环境变化的可靠指示生物，是评价生态系统健康变化的可靠指标。

但是目前对生物膜的研究集中在单一或少数几种污染物的效应上，对多种污染物产生的复合效应研究较少；并且多采用人工基质原位暴露的方式研究水质对生物膜的影响，利用天然生物膜同时研究水体和沉积物对生物膜影响的研究较少；多数研究集中在生物膜对污染物的响应上，利用生物膜对水生态系统进行评价的研究较少。

结合水体和沉积物中营养物质、重金属、多环芳烃的污染指数，分析生物膜群落各结构、功能指标与环境污染指数的关系，得出基于生物膜的生物完整性指数，并对海河流域典型河口生态系统进行健康评价。研究区及采样点分布见图 3-1。

5.1 生物膜样品采集及各项指标测定方法

用塑料刀片刮取表层沉积物上 1mm 的样品，并现场测量面积，每个采样点取 3 份样品，混匀后平均分成 4 份分别装入 15mL 离心管中，装入带冰块的保温箱中，带回实验室进行检测多糖（EPS）、叶绿素 a（Chla）、叶绿素 b（Chlb）、叶绿素 c（Chlc）、β-葡萄糖苷酶活性（BETA）、碱性磷酸酶活性（PHOS）和亮氨酸氨基肽酶活性（LEU）。

（1）多糖的测定

采用苯酚硫酸法测定生物膜多糖含量（黄廷林等，2005）。取 1 份生物膜样品混匀后按质量均分为 3 份，作为平行样，每份用 1mL 蒸馏水悬浮在玻璃管中，涡旋混匀后加入 1mL 5％的苯酚溶液，再次混匀后加入 5mL 浓硫酸。室温冷却后 3000r/min 离心 10min，取其上清液用风光光度计在 488nm 下测其吸光度。用同样的方法绘制葡萄糖标准曲线（0～100mg/L）为：$y = 0.007x - 0.013(R^2 = 0.954)$。多糖的含量用葡萄糖当量来表示，单位为 glucose equivalents mg/cm²，表示单位面积上含有相当于多少毫克葡萄糖的多糖。

（2）叶绿素的测定

采用反复冻融法测量生物膜中各种叶绿素的含量。取 1 份生物膜样品混匀后按质量均分为 3 份，作为平行样，最终测得叶绿素 a、叶绿素 b、叶绿素 c 的浓度取其平均值。每份样品加 2mL 蒸馏水悬浮，再加入数滴 1％的碳酸镁悬浮液，用孔径为 $0.45\mu m$ 的乙酸纤维滤膜进行抽滤，将滤膜放在定性滤纸中吸干水分，并连带滤纸一起在 $-20℃$ 下冷冻 20min，然后取出在室温下解冻 5min，利用细胞内冰粒的形成使细胞壁破碎，叶绿素溶出。如此需要反复冻融 5 次，然后在 $-20℃$ 下过夜。然后将滤膜剪碎放入 5mL 离心管中，加入 80℃的 90％的乙醇，热水浴加热 2min，然后置于暗处 4℃ 下提取 4～6h。然后用 90％的乙醇定容至 5mL，在 3000r/min 下离心 30min，取其上清液，用 90％的乙醇作参比，用分光光度计（UNIC 2100 spectrophotometer）在 750nm、664nm、647nm 和 630nm 下测其吸光度。用公式（5-1）～公式（5-3）计算 Chla、Chlb 和 Chlc 的浓度（黄廷林等，2005）：

$$Chla = \frac{12.12 \times (D664 - D750) - 1.58(D647 - D750) - 0.08(D630 - D750)}{Sd} \times V_e$$

$$(5-1)$$

$$Chlb=\frac{-5.55\times(D664-D750)+21.5(D647-D750)-2.72(D630-D750)}{Sd}\times V_e$$

(5-2)

$$Chlc=\frac{-1.71\times(D664-D750)-7.77(D647-D750)+25.08(D630-D750)}{Sd}\times V_e$$

(5-3)

式中，Chla、Chlb、Chlc 分别为生物膜样品中叶绿素 a、叶绿素 b、叶绿素 c 的浓度，单位为 $\mu g/cm^2$；$D664$、$D647$、$D630$、$D750$ 分别为样品在 664nm、647nm、630nm、750nm 处的吸光度；V_e 为离心管中萃取液的定容体积，单位为 mL，这里定容体积为 5；S 为生物膜样品的面积，单位为 cm^2；d 为比色皿光程。

（3）胞外酶活性的测定

胞外酶活性 BETA、PHOS、LEU 的检测是利用这 3 种酶的酶作用底物可以被这些酶水解成含有不同颜色基团的产物，并且这些有颜色的产物是可以利用分光光度计测得其浓度的。酶活性是用单位面积生物膜所包含的酶在单位时间内水解产生的反应产物的量来表示的。这 3 种胞外酶活性测定时的反应底物、产物及反应条件见表 5-1，所有反应均用 0.1mol/L 的氢氧化钠终止反应。

表 5-1　酶反应对应的底物及反应条件（Muller，1969）

酶	反应条件	反应温度	反应时间	酶作用底物	反应产物	特征波长
BETA	pH=5.0		1h	对硝基-β-D-吡喃葡萄糖苷	对硝基苯酚	410nm
PHOS	pH=8.5	30℃水浴	1h	对硝基苯磷酸酯	对硝基苯酚	410nm
LEU	pH=7.7		30min	L-亮氨酰对硝基苯胺	对硝基苯胺	405nm

测每种胞外酶活性时，取 1 份生物膜样品混匀后按质量均分为 3 份，作为平行样。每份平行样品加 1.5mL 蒸馏水悬浮，分别加入 0.5mL 对应的缓冲溶液和 1mL 酶作用底物，按照表 5-1 的条件进行反应，以底物加去离子水作为空白。酶活性的计算公式如下：

$$EA=\frac{AV}{\varepsilon St}$$

(5-4)

式中，EA 为酶活性，单位为对硝基苯胺 $nmol/(cm^2 \cdot h)$ 或对硝基苯酚 $nmol/(cm^2 \cdot h)$；A 为吸光度；ε 为产物的摩尔消光系数，对硝基苯胺为 9870L/(mol·cm)，对硝基苯酚为 17500L/(mol·cm)；V 为反应体积；S 为生物膜样品面积；t 为反应时间。

5.2 生物膜群落时空分布规律

5.2.1 空间分布

5 月各采样点生物膜各指标的分布如表 5-2 所示。EPS 的范围为 3.96～45.57mg/cm^2，平均值为 22.66mg/cm^2，最高值出现在 S11，最低值出现在 S3。三种酶 BETA、LEU 和 PHOS 的活性变化范围分别为 0.46～3.49nmol/(cm^2·h)、0.45～3.16nmol/(cm^2·h) 和 0.10～2.09nmol/(cm^2·h)，BETA 和 LEU 的最低值均出现在采样点 S4，PHOS 最低值出现在 S7；最高值则分别出现在 S6、S3、S5。较高的碱性磷酸酶活性一般出现在较低的磷酸盐条件下（Jansson 等，1988），从各采样点沉积物中磷酸盐的分布来看，本研究符合这个规律。BETA、LEU 和 PHOS 活性的平均值分别为 1.59nmol/(cm^2·h)、1.48nmol/(cm^2·h) 和 0.64nmol/(cm^2·h)，可见 BETA 和 LEU 活性高于 PHOS。Chla 的变化范围为 3.01～12.36μg/cm^2，平均值为 5.76μg/cm^2，最低值出现在 S3，最高值出现在 S6。Chlb 的变化范围为 0.11～3.96μg/cm^2，平均值为 0.94μg/cm^2，最高值出现在 S6，最低值出现在 S10。Chlc 的变化范围为 0.61～4.58μg/cm^2，平均

表 5-2　春季各采样点生物膜指标分布情况

采样点	EPS	BETA	LEU	PHOS	Chla	Chlb	Chlc	Chlb/a	Chlc/a
	mg/cm^2	nmol/(cm^2·h)			μg/cm^2				
S1	14.31	0.59	0.60	0.19	9.98	0.64	4.58	0.06	0.46
S2	7.90	2.57	1.59	0.97	7.78	0.43	3.45	0.06	0.44
S3	3.96	0.89	3.16	0.43	3.01	0.84	1.11	0.28	0.37
S4	20.33	0.46	0.45	0.17	6.35	1.40	0.61	0.22	0.10
S5	28.71	1.04	2.09	0.23	2.67	0.79		0.30	
S6	36.32	3.49	2.68	1.41	12.36	3.96	1.39	0.32	0.11
S7	15.39	3.18	1.40	0.10	4.40	0.98	1.21	0.22	0.27
S8	20.91	1.26	1.52	0.29	5.38	0.82	2.73	0.15	0.51
S9	32.50	0.47	0.87	0.31	0.37	1.12		0.12	0.36
S10	23.29	0.47	1.27	0.50	5.17	0.11	1.62	0.02	0.31
S11	45.57	0.74	1.68	0.61	3.10	0.56	0.79	0.18	0.25
平均值	22.66	1.59	1.48	0.64	5.76	0.94	1.76	0.16	0.32

值为 1.76μg/cm²，最高值出现在 S1，最低值出现在 S4。Chlb/a 的变化范围为 0.02～0.32，平均值为 0.16，最高值出现在 S6，最低值出现在 S10。Chlc/a 的变化范围为 0.10～0.51，平均值为 0.32，最高值出现在 S8，最低值出现在 S4。从 3 个河口各指标的平均值来看，漳卫新河河口 EPS 含量与 Chlc/a 最高；三种酶活性、Chlb 和 Chlb/a 在海河干流河口最高；Chla 与 Chlc 在滦河河口最高。

各指标综合来看，S6 具有较高的多糖含量、各种酶活性、各种叶绿素含量，较低的 Chlc/a，说明 S6 细菌和藻类的生物量及活性均较高，但是清水种的藻类含量较低，说明 S6 有机物及营养盐含量高，水质较差，适合细菌及一些蓝绿藻的生长，不适合金藻、硅藻等清水种藻类的生长。S1 具有较低的 EPS、各种酶活性，较高的 Chla 和 Chlc，Chlc/a 是 Chlb/a 的 7.67 倍，说明 S1 生物膜的生物量较低，且细菌的含量较低，藻类是主要组成成分，其中蓝绿藻所占比例较低。漳卫新码头 S8 具有较高的 EPS 含量，较低的 PHOS 活性及较低的各种叶绿素含量，同时 Chlc/a 较高，说明 S8 营养盐含量较低，有一定的有机物含量，适合细菌和各种藻类的生长。

8 月各采样点生物膜指标的分布情况如表 5-3 所示。EPS 含量的变化范围为 0.51～63.47mg/cm²，最高值为最低值的 124.45 倍，平均值为 22.64mg/cm²，最高值出现在 S6，最低值出现在 S2。BETA、LEU 和 PHOS 三种酶的活性变化范围分别为 0.15～1.19nmol/(cm²·h)、0.69～2.68nmol/(cm²·h) 和 0.10～1.42nmol/(cm²·h)，平均值分别为 0.41nmol/(cm²·h)、1.52nmol/(cm²·h) 和 0.37nmol/(cm²·h)，可见 LEU 的活性高于 BETA 和 PHOS；三种酶的活性最低值均出现在 S1，BETA 和 PHOS 的最高值出现在 S6，LEU 的最高值出现在 S8。叶绿素 a、叶绿素 b、叶绿素 c 的浓度变化范围分别为 2.91～20.99μg/cm²、0.39～11.40μg/cm² 和 1.04～7.33μg/cm²，平均值分别为 10.99μg/cm²、3.23μg/cm² 和 3.14μg/cm²；三种叶绿素最高值分别出现在 S9、S11、S8，最低值分别出现在 S3、S5 和 S5。Chlb/a 的变化范围为 0.06～0.56，平均值为 0.28，最高值出现在 S11，最低值出现在 S1。Chlc/a 的变化范围为 0.16～0.57，平均值为 0.33，最高值出现在 S8，最低值出现在 S7。除 S6、S7、S10 和 S11 外，大部分采样点均是 Chlc/a 高于 Chlb/a，可见大部分采样点的藻类均以清水种为主。

表 5-3　夏季各采样点生物膜指标分布情况

采样点	EPS	BETA	LEU	PHOS	Chla	Chlb	Chlc	Chlb/a	Chlc/a
	mg/cm²	nmol/(cm²·h)			μg/cm²				
S1	3.51	0.15	0.69	0.10	12.59	0.72	3.93	0.06	0.31
S2	0.51	0.23	1.50	0.14	3.17	0.77	1.81	0.24	0.57
S3	0.54	0.24	0.84	0.20	2.91	0.84	1.20	0.29	0.41
S4	0.67	0.25	1.27	0.16	4.58	2.12	2.02	0.46	0.44
S5	39.36	0.49	1.24	0.57	3.45	0.39	1.04	0.11	0.30
S6	63.47	1.19	2.00	1.42	13.17	5.01	2.54	0.38	0.19
S7	40.55	0.22	1.89	0.25	9.82	3.22	1.52	0.16	0.16
S8	4.26	0.36	2.68	0.17	12.82	2.31	7.33	0.18	0.57
S9	19.70	0.33	1.30	0.21	20.99	3.35	5.08	0.16	0.24
S10	34.21	0.46	1.25	0.63	16.94	5.43	4.30	0.32	0.25
S11	42.28	0.58	2.02	0.24	20.45	11.40	3.72	0.56	0.18
平均值	22.64	0.41	1.52	0.37	10.99	3.23	3.14	0.28	0.33

从 3 个河口各指标的平均值来看，仅 Chlc 与 Chlc/a 的最低值在海河干流河口，其他各指标的最低值均出现在滦河河口。EPS、BETA、PHOS 最高值出现在海河干流河口，LEU、Chla、Chlb、Chlc、Chlb/a 检测值最高在漳卫新河河口，Chlc/a 在滦河河口最高。可见滦河河口生物膜生物量、各种叶绿素含量、酶活性均较低，仅 Chlc/a 较高，说明滦河河口细菌及叶绿素含量都较低，但是藻类以清水种（金藻、甲藻等）为主，说明水质较好。海河干流河口 EPS、BETA、PHOS 含量较高，Chlc 与 Chlc/a 较低，说明海河干流河口生物膜生物量较高，且藻类以蓝绿藻为主，进一步说明海河干流河口水质较差。漳卫新河河口 Chla、Chlb、Chlc、Chlb/a 均较高，说明漳卫新河河口藻类生物量较高，且以蓝绿藻为主。

秋季各采样点生物膜指标如表 5-4 所示。各采样点 EPS 含量的变化范围为 0.18～3.59mg/cm²，平均值为 1.18mg/cm²，最高值出现在 S4，最低值出现在 S10。BETA、LEU 和 PHOS 三种酶的活性变化范围分别为 0.05～0.35nmol/(cm²·h)、0.65～2.11nmol/(cm²·h) 和 0.04～0.49nmol/(cm²·h)，平均值分别为 0.13nmol/(cm²·h)、1.25nmol/(cm²·h) 和 0.14nmol/(cm²·h)，LEU 的活性高于 BETA 和 PHOS；三种酶活性最高点均为 S6，最低点均为 S8。三种叶绿素 Chla、Chlb 和 Chlc 的变化范围分

表 5-4　秋季各采样点生物膜指标分布情况

采样点	EPS	BETA	LEU	PHOS	Chla	Chlb	Chlc	Chlb/a	Chlc/a
	mg/cm²	nmol/(cm² · h)			μg/cm²				
S1	1.08	0.15	0.98	0.24	2.51	0.23	0.61	0.09	0.24
S2	0.21	0.11	1.47	0.13	0.63	0.06	0.26	0.10	0.41
S3	NA	NA	NA	NA	NA	NA	NA	NA	NA
S4	3.59	0.07	0.98	0.06	0.17	0.02	0.10	0.14	0.58
S5	1.04	0.11	1.11	0.15	0.70	0.11	0.35	0.15	0.50
S6	1.79	0.35	2.11	0.49	4.72	0.57	1.55	0.12	0.33
S7	2.81	0.21	1.86	0.07	1.60	0.15	0.72	0.09	0.45
S8	0.23	0.05	0.65	0.04	0.21	0.03	0.06	0.12	0.28
S9	0.25	0.06	0.81	0.05	0.05	0.02	0.04	0.40	0.65
S10	0.18	0.07	1.37	0.05	0.04	0.01	0.02	0.30	0.61
S11	0.62	0.12	1.17	0.16	0.36	0.04	0.12	0.12	0.35
平均值	1.18	0.13	1.25	0.14	1.10	0.12	0.38	0.16	0.44

别为 $0.04 \sim 4.72 \mu g/cm^2$、$0.01 \sim 0.57 \mu g/cm^2$ 和 $0.02 \sim 1.55 \mu g/cm^2$，平均值分别为 $1.10 \mu g/cm^2$、$0.12 \mu g/cm^2$ 和 $0.38 \mu g/cm^2$，三种叶绿素最高值均出现在 S6，最低值均出现在 S10。两种叶绿素比例 Chlb/a 和 Chlc/a 的变化范围分别为 $0.09 \sim 0.40$ 和 $0.24 \sim 0.65$，平均值分别为 0.16 和 0.44，最高值均出现在 S9，最低值均出现在 S1。

从 3 个河口各指标的平均值来看，海河干流河口具有较高的 EPS、各种酶活性和叶绿素，但是 Chlc/a 较低，说明海河干流河口在秋季不仅细菌生物量较高，藻类生物量也较高，但是仍以蓝绿藻为主；漳卫新河河口具有较低的 EPS、各种酶活性和叶绿素含量，但是 Chlc/a 较高，说明漳卫新河河口在秋季生物膜生物量较低，且藻类以清水种为主；滦河河口则介于海河干流河口与漳卫新河河口之间。

利用 CANOCO 4.5 软件分析各采样点生物膜群落指标空间分布如图 5-1 所示，从各采样点到生物膜各指标的投影来看，S6 和 S11 具有较高的 EPS 与 Chla 含量，其生物膜生物量较高，藻类生物量较高；S5、S6、S7 具有较高的 BETA 和 PHOS 活性；S1、S2、S3、S8 具有较高的 Chlc 和 Chlc/a，说明其清水种藻类含量较高。从各采样点的距离来看，S2 和 S3 距离较近，S9 和 S10 距离较近，说明其生物膜群落结构比较接近。说明从总体

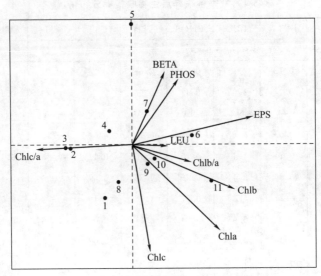

图 5-1　生物膜群落指标与采样点双标图

的空间分布来看，海河干流河口具有较高的生物膜生物量，且与滦河河口和漳卫新河河口相比，其生物膜中细菌的含量较高；而滦河河口与漳卫新河河口最下游其生物膜的生物量相对较低，且藻类以清水种为主；漳卫新河河口中上游采样点则具有较高的藻类生物量，且 Chlb/a 较高，蓝绿藻含量较高。

5.2.2　季节分布

对不同时间采集的生物膜群落结构、功能指标进行单因素方差分析（表5-5），结果表明所有检测指标中，除了 LEU 的活性、Chlb/a 和 Chlc/a 外，其余各指标在不同季节都存在显著性差异（$P<0.05$）。从表 5-5 可以看出，EPS 含量的季节变化是春季和夏季显著高于秋季。BETA 是春季显著高于夏季和秋季，夏季高于秋季，但是差异不显著（$P>0.05$），这与郑天凌等对台湾海峡 BETA 活性的研究结果是一致的（郑天凌等，2001）。PHOS 的活性则是春季高于夏季、秋季，但是夏季与春季和秋季均无显著性差异，通常环境中较低的磷酸盐浓度会诱导出较高的碱性磷酸酶活性，这与沉积物中夏季具有较高的磷酸盐浓度是一致的。LEU 的活性在 3 个季度均无显著性差异，但是在数值上表现为夏季高于春季和秋季。叶绿素 a 和叶绿素 c 表现为 3 个季度之间均存在显著性差异，且夏季最高，春季次之，秋季最低。叶

表 5-5　采样点各生物膜指标季节变化

采样时间	EPS	BETA	LEU	PHOS	Chla	Chlb	Chlc	Chlb/a	Chlc/a
2011-5	22.66[a]	1.59[a]	1.48[a]	0.64[a]	5.76[a]	0.94[a]	1.76[a]	0.16[a]	0.33[a]
2011-8	22.64[a]	0.41[b]	1.52[a]	0.37[ab]	10.99[b]	3.23[b]	3.14[b]	0.28[a]	0.32[a]
2011-11	1.18[b]	0.13[b]	1.25[a]	0.14[b]	1.10[c]	0.12[a]	0.38[c]	0.16[a]	0.44[a]

绿素 b 则仅在夏季和春季、秋季之间存在显著性差异。Chlb/a 表现为夏季
高于春季和秋季，但是在季节间则无显著性差异。Chlc/a 表现为秋季高于
春季和夏季，但是季节间无显著性差异。Sierra 等研究认为附着藻类的生物
量在污染较严重的区域更高，本研究中大部分采样点是在夏季污染最为严
重，与本研究结果一致（Sierra 等，2007）。Wolfstein 等认为水质较差的情
况下更有利于蓝绿藻的生长，这与本研究中 Chlb 在夏季最高的结论是一致
的（Wolfstein 和 Stal，2002）。叶绿素 c 也在夏季浓度最高，但是 Chlc/a 却
是在夏季最低，也从反面验证了这一结论。

　　总体来看，春季滦河河口生物膜总生物量较低，但是 Chla 与 Chlc 较
高，说明春季滦河河口生物膜以藻类为主，且多为清水种，细菌含量较低；
海河干流河口各种酶活性、Chlb 和 Chlb/a 较高，说明海河干流河口细菌生
物量较高，藻类以蓝绿藻为主；漳卫新河河口 EPS 含量与 Chlc/a 较高，说
明其生物膜总生物量较高，且藻类以清水种为主。夏季滦河河口生物膜生物
量、各种叶绿素含量、酶活性均较低，仅 Chlc/a 较高，说明滦河河口细菌
及叶绿素含量都较低，但是藻类以清水种（金藻、甲藻等）为主；海河干流
河口仍然是各种酶的活性较高，Chlc 与 Chlc/a 较低，说明海河干流河口生
物膜生物量较高，且藻类以蓝绿藻为主；漳卫新河河口各种叶绿素含量与
Chlb/a 均较高，说明漳卫新河河口藻类生物量较高，且以蓝绿藻为主。秋
季则是漳卫新河河口具有较低的生物量，各种叶绿素、酶活性和 Chlc/a 较
高，其细菌生物量均较低，但是藻类以清水种为主。海河干流河口则相反。
从时间变化来看，生物膜各指标除 LEU 的活性、Chlb/a 和 Chlc/a 外，均
在不同季节存在显著性差异。EPS 在春季、夏季均较高，BETA 和 PHOS
在春季较高，LEU 在夏季较高。各种叶绿素均在夏季浓度较高，但是
Chlc/a 在秋季最高，Chlb/a 在夏季最高。

5.3 生物膜群落对环境的综合响应

5.3.1 生物膜群落与环境因子的关系

多角度来分析一组多变量数据与另一组多变量数据之间的关系，其结果可以筛选出能在最大程度上表示所有指标解释能力的最小组合（董旭辉，2007）。本研究中对获得的生物膜群落结构、功能数据与所测得的环境指标进行冗余分析，以便明确各个环境指标对生物膜群落影响的大小。

在冗余分析前，指标的前瞻性选择是必要步骤，能有助于建立一个更为简单的模型，用较少的环境变量来解释生物膜群落结构功能的变化，并明确对其起主要作用的环境影响因子。由于 PAHs 种类较多，经过初步分析，各种单体 PAHs 与生物膜群落结构、功能指标并无显著相关关系，但其组成上多为中、低环 PAHs，且污染指标较高，为了避免盲目排除 PAHs 对生物膜群落结构功能的影响，将 PAHs 分为低环（2 环和 3 环）、中环（4 环）和高环（5 环和 6 环）。首先对于沉积物和水体的 38 个物理、化学指标中在采样时间内所有采样点的检测数据均优于地表水环境质量 I 类水标准、国家海水水质 1 类水标准或国家海洋沉积物质量 1 类标准的环境指标，可以认为其对生物膜群落结构功能变化的影响很小，予以筛除，包括水体中 DO、氨氮、As、Cd、Cr、Cu、Hg、Ni、Zn 和沉积物中的 As、Cd。为了避免过多的缺失值引起的统计误差，将未检出位点超过采样点总数 1/3 的指标筛除，包括水体中 Co、Mn 和沉积物中的磷酸盐、石油类。筛除在不同时间、采样点无差异的指标，包括水体中重金属 Li。为了用较为精简的指标代表更多的信息，选出各环境指标中相对相关性小的指标，排除冗余指标，为了慎重只排除显著强烈相关（$r > 0.6$ 且 $P < 0.5$）的指标，并考虑指标的测量准确性等因素，筛除指标为：沉积物中粒径为 $50 \sim 100 \mu m$ 和大于 $100 \mu m$ 的颗粒百分比、石油类、磷酸盐、中环和高环 PAHs、Co、Cr、Cu、Hg、Li、Ni、Zn；水体中氨氮、磷酸盐、中环 PAHs、Co、Li、Mn。将剩余指标与各生物膜指标做相关性分析，筛除与任何一个生物膜指标均不相关的环境指标，包括水体中 COD_{Mn} 和硝酸盐。通过以上步骤，从 37 个环境指标中筛出 14 个指标（表 5-6）。

表 5-6　筛选后 14 个环境指标及其代表符号

沉积物		水体	
环境指标	代表符号	环境指标	代表符号
总磷	STP	pH 值	pH
硝酸盐	SNO₃	盐度	Sal
低环多环芳烃	SLPAHs	TP	TP
Mn	SMn	TN	TN
Pb	SPb	石油类	oil
粒径小于 50μm 颗粒百分比	50μm	低环多环芳烃	LPAHs
		高环多环芳烃	HPAHs
		Pb	Pb

　　生物膜指标的筛选，首先将各生物膜指标之间做相关性分析，筛除指标间显著极强相关的指标（$r>0.8$，且 $P<0.01$），各指标间显著极强相关的有 Chlb 与 Chla（$r=0.826$，$P<0.01$）和 BETA 与 PHOS（$r=0.879$，$P<0.01$），筛除 Chlb 和 PHOS。将剩余 7 个生物膜指标与筛选后的各环境指标做相关性分析，Chlb/a 与所有环境指标均不相关，予以筛除。因此从 9 个生物膜群落结构指标中筛出 EPS、BETA、LEU、Chla、Chlc 和 Chlc/a 共 6 个指标。

　　采用 CANOCO4.5 软件对初步筛选的 6 项生物膜群落结构功能指标和 14 项环境指标进行 RDA 分析，除 pH 值外，所有数据经过 $\lg(x+1)$ 转换以消除量纲影响。结果显示沉积物中 TP 和 Pb 的方差膨胀因子 IF>10，说明所选环境指标中有多重相关性，经过反复筛选，当筛除沉积物中 TP 后，所有环境指标的 IF 均小于 10，Monte Carlo 排列检验显示所有排序轴均非常显著（$P<0.01$），说明排序效果理想，且其对生物膜群落变化的解释最大。RDA 分析结果（表 5-7）显示，选取的 14 个环境变量可以解释生物膜群落变化的 74.7%，解释生物膜群落特征与环境指标关系的 98.7%。其中第 1 排序轴可以解释生物膜群落变化的 60%，其与生物膜各指标的相关系数为 0.939；第 2 排序轴可以解释生物膜群落变化的 11%，并且与生物膜指标的相关系数为 0.852。

　　在生物膜群落与环境指标的 RDA 排序图（图 5-2）中，环境指标用加粗黑色带箭头矢量表示，连线的长短表示该环境因子对生物膜群落的影响程度（解释量）大小。由图 5-3 可以看出，选取的 13 个环境指标对生物膜群

表 5-7　生物膜群落与主要环境指标的 CCA 排序结果

排序轴	特征值	生物膜-环境指标相关系数	生物膜特征变化积累/%	生物膜与环境关系变化积累/%	特征值总和	典范特征值总和
1	0.600	0.939	60.0	79.2		
2	0.110	0.852	71.0	93.7	1.000	0.757
3	0.020	0.606	73.0	96.4		
4	0.017	0.446	74.7	98.7		

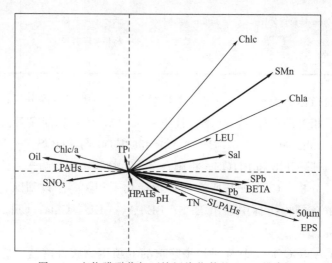

图 5-2　生物膜群落与环境污染指数的 RDA 排序图

落结构功能特征均有不同程度的影响，各环境指标对生物膜群落特征的影响从大到小可以排序为：50μm＞SMn＞SPb＞Sal＞Pb＞Oil＞SNO₃＞TN＞SLPAHs＞LPAHs＞pH＞HPAHs＞TP。从排序可以看出，对生物膜群落结构影响最大的环境因素是沉积物中粉粒所占的比例、沉积物中的重金属Mn 和 Pb 以及水体的盐度，可见沉积物与水体，前者对生物膜群落的影响更大。沉积物中粉粒的比例这一物理指标比重金属、营养盐、PAHs 对生物膜群落的影响更大，同时水体中的物理指标盐度比重金属、营养盐、PAHs对生物膜群落的影响更大，可见沉积物的粒径、水体的盐度比其他沉积物和水体中污物指标对生物膜的影响更大。Gómez 等对阿根廷拉普拉塔河口底栖微生物群落的时空分布特征及其可能的环境影响因子进行研究，认为营养盐和有机污染是影响底栖微生物群落特征的主要环境因子（Gómez 等，2009）。Giberto 等通过对拉普拉塔河口更大范围内底栖微生物群落的分布特征与底质类型、盐度、电导率等因素的关系进行研究，认为在大尺度下，底质类型、盐度、电导率是影响底栖微生物群落分布的主要环境因子（Giberto 等，2004）。本研究结果与 Giberto 等的研究结果一致，说明在小尺度底质比较均匀的情况下，营养盐及其他污染物质是影响底栖微生物群落的主要影响因子；在大尺度底质类型、盐度等指标差异较大的情况下，营养盐和污染物可能并不是主要的环境影响因子。

5.3.2　生物膜群落对污染物的综合响应

由于沉积物颗粒组成、水体盐度这些非污染指标对生物膜群落结构影响较大，用上述两个环境因子对各采样点进行系统聚类分析，结果见图 5-3。采样点 S1、S8、S3、S4 和 S2 聚为一类，且各采样点间距离小于 5，相似性显著，这些采样点沉积物主要由粒径相对较大的细砂粒组成，水体盐度较高且变化范围小。采样点 S5、S11、S6、S10、S7 和 S9 聚为一类，且各采样点间距离小于 5，相似性显著，这些采样点沉积物主要由粒径更小的粉砂组成，水体盐度相对较低，但变化范围大。两个分类组之间距离远大于 10，差异显著，因此将 11 个采样点分为两类分别讨论。将 S1、S2、S3、S4、S8 称为细砂基质组；剩余 6 个采样点为粉砂基质组。

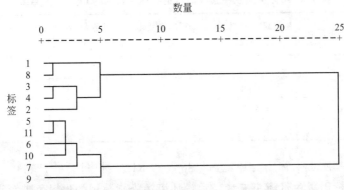

图 5-3　各采样点沉积物粒径组成和水体盐度的系统聚类分析

（1）细砂基质生物膜对污染物的综合响应

将 S1、S2、S3、S4、S8 的 9 个生物膜指标进行相关性分析，排除指标间显著极强相关的冗余指标（$r > 0.8$，且 $P < 0.01$）。结果显示，BETA 与 PHOS 极强显著相关（$r = 0.954$，$P < 0.01$），Chla 与 Chlc 极强显著相关（$r = 0.848$，$P < 0.01$），排除 PHOS 与 Chlc，因此参与排序的生物膜指标

为多糖含量 EPS、Chla、Chlb、Chlb/a、Chlc/a、BETA 和 LEU，共 7 项指标。环境指标选取营养盐与有机污染综合指数 P_1，水体重金属综合污染指数 P_{2W}，沉积物重金属综合污染指数 P_{2S}，水体多环芳烃综合污染指数 P_{3W}，沉积物多环芳烃综合污染指数 P_{3S}。首先对各种环境污染指数之间进行相关性分析，排除指标间显著极强相关的冗余指标（$r > 0.8$，且 $P < 0.01$）。结果显示，仅 P_1 与 P_{2S} 极强显著相关（$r = 0.832$，$P < 0.01$），筛除 P_{2S}，剩余 P_1、P_{2W}、P_{3W}、P_{3S}，共 4 个环境污染指数。

参加排序的所有数据经过 $\lg(x+1)$ 转换以消除量纲影响，结果显示所有环境污染指数的方差膨胀因子 IF 均小于 5，Monte Carlo 排列检验显示所有排序轴均非常显著（$P < 0.01$），说明排序效果理想，且其对生物膜群落变化的解释最大。RDA 分析结果（表 5-8）显示，选取的 4 个环境污染指数可以解释生物膜群落变化的 79.4%，解释生物膜群落特征与环境污染指数关系的 93.2%。其中第 1 排序轴可以解释生物膜群落变化的 63.8%，其与生物膜各指标的相关系数为 0.951；第 2 排序轴可以解释生物膜群落变化的 10.9%，并且与生物膜指标的相关系数为 0.816。说明选取的 4 个环境污染指数可以很好地解释生物膜的群落变化，对生物膜群落结构、功能有极其显著的影响（$P < 0.01$）。

表 5-8 细砂基质生物膜群落与主要环境指标的 CCA 排序结果

排序轴	特征值	生物膜-环境指标相关系数	生物膜特征变化积累/%	生物膜与环境关系变化积累/%	特征值总和	典范特征值总和
1	0.638	0.951	63.8	79.8		
2	0.109	0.816	74.7	83.2	1.000	0.794
3	0.038	0.771	78.5	89.2		
4	0.009	0.343	79.4	93.2		

细砂基质上生物膜与环境污染指数的 RDA 排序图（图 5-4）中，生物膜群落指标用黑色带箭头矢量表示，环境污染指数用加粗黑色带箭头矢量表示。环境污染指数矢量线段的长短可以表示该环境污染指数对生物膜群落相关性的大小，可见选取的 4 个环境污染指数与生物膜群落相关性的大小依次为：$P_{3W} > P_1 > P_{2W} > P_{3S}$，可见在排除基质类型和水体盐度这些物理指标后，在细砂基质上，对生物膜群落结构、功能影响最大的为水体多环芳烃的浓度，其次为水体和沉积物营养盐与有机污染物的浓度和水体重金属的浓度，影响最小的是沉积物多环芳烃的浓度。细砂基质的河口采样点为滦河河

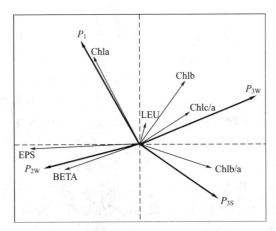

图 5-4　细砂基质生物膜群落与环境污染指数的 RDA 排序图

口与漳卫新河河口最下游，是水体受到渤海湾石油泄漏事故影响的采样点，各污染指数中与生物膜群落相关性最强的为水体中多环芳烃的浓度，可能与各采样点严重受到石油污染影响有关。从生物膜群落各结构、功能指标与各环境污染指数的相关性来看，营养物质与有机物污染指数与 Chla、Chlb、LEU、EPS 呈正相关关系，与 Wolfstein 等的研究结果一致。水体中多环芳烃的浓度则与 Chla、EPS、BETA 呈负相关关系，说明水体中高浓度的多环芳烃已经对生物膜的生物量、功能产生了负面作用（Wolfstein 等，2002）。水体中重金属的污染指数与 EPS、BETA 正相关，这可能是同时受其他环境因子影响的结果。

（2）粉砂基质生物膜对污染物的综合响应

首先对 S5、S6、S7、S9、S10、S11 生物膜各指标进行相关性分析，排除指标间显著极强相关的冗余指标（$r > 0.8$，且 $P < 0.01$）。结果显示，Chlb 与 Chla 和 Chlb/a 极强显著相关（$P < 0.01$），其相关系数分别为 0.893 和 0.823；Chla 与 Chlc 极强显著相关，（$r = 0.808$，$P < 0.01$）；PHOS 与 BETA 极强显著相关，（$r = 0.887$，$P < 0.01$）。排除 Chlb、Chla 和 PHOS，生物膜指标还剩下 EPS、Chlc、Chlb/a、Chlc/a、BETA 和 LEU。然后对采样点 S5、S6、S7、S9、S10、S11 的各种污染指数进行相关性分析，排除指标间显著极强相关的冗余指标（$r > 0.8$，且 $P < 0.01$）。结果显示，各指标间无显著极强相关关系，因此参与排序的综合污染指数为取营养盐与有机污染综合指数 P_1，水体重金属综合污染指数 P_{2w}，沉积物重金属综合污染指数 P_{2S}，水体多环芳烃综合污染指数 P_{3w}，沉积物多环芳烃

综合污染指数 P_{3S}。

参加排序的所有数据经过 $\lg(x+1)$ 转换以消除量纲影响，结果显示所有环境污染指数的方差膨胀因子 IF 均小于 6，Monte Carlo 排列检验显示所有排序轴均非常显著（$P<0.01$），说明排序效果理想，且其对生物膜群落变化的解释最大。RDA 分析结果（表 5-9）显示，选取的 5 个环境污染指数可以解释 71.5% 的生物膜群落变化，解释 89.3% 的生物膜群落特征与环境污染指数关系。其中第 1 排序轴可以解释生物膜群落变化的 51.5%，其与生物膜各指标的相关系数为 0.907；第 2 排序轴可以解释生物膜群落变化的 9.3%，并且与生物膜指标的相关系数为 0.905。说明选取的 5 个环境污染指数可以很好地解释生物膜的群落变化，对生物膜群落结构、功能有极其显著的影响（$P<0.01$）。

表 5-9　细砂基质生物膜群落与主要环境指标的 CCA 排序结果

排序轴	特征值	生物膜-环境 指标相关系数	生物膜特征 变化积累/%	生物膜与环境 关系变化积累/%	特征值 总和	典范特征 值总和
1	0.515	0.907	51.5	68.0		
2	0.093	0.905	60.8	76.6		
3	0.060	0.648	66.9	83.9	1.000	0.716
4	0.047	0.701	71.5	89.3		

细砂基质上生物膜与环境污染指数的 RDA 排序图（图 5-5）中，环境污染指数用加粗黑色带箭头矢量表示，其长短可以表示环境污染指数对生物膜群落结构、功能的相关性。由图 5-5 可见，根据各环境污染指数对生物膜影响的大小可以排序为 $P_{3W}>P_{2W}>P_{3S}>P_1>P_{2S}$。可见对生物膜群落影响最大的是水体中的多环芳烃和重金属，其次为沉积物中的多环芳烃，影响最小的是沉积物中的重金属。生物膜指标中 Chlc、Chlb/a、EPS、LEU 均与水体中多环芳烃和重金属呈负相关，同时与 Chlc/a 呈正相关，说明与 Chla 也呈负相关。也就是说随着水体中多环芳烃和重金属浓度的增加，EPS、Chla、Chlc、LEU、Chlb/a 均呈下降趋势，说明水体中多环芳烃和重金属对生物膜的细菌和藻类的生物量及 β-葡萄糖苷酶的活性均产生了抑制作用。同时，EPS、Chlb/a 与水体和沉积物中营养盐和有机物呈正相关，也就是说当环境中营养物质和有机物质含量较高的时候，胞外多糖分泌物和叶绿素 b 所占的比例有所增加，这是因为营养物质和有机质的增加有利于蓝

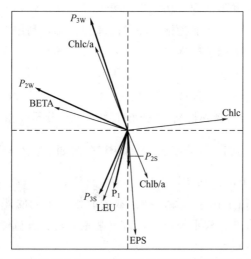

图 5-5　粉砂基质生物膜群落与环境污染指数的 RDA 排序图

藻的生存，叶绿素 b 的比例上升，同时蓝藻的光合作用会产生大量的胞外分泌物，EPS 含量增加（Wolfstein 等，2002）。Penton 等对佛罗里达沼泽的研究发现，β-葡萄糖苷酶随着营养物质的增加而增加，本研究中 β-葡萄糖苷酶与营养物质和有机物质综合污染指数并没有明显的相关关系，而与水体中重金属和多环芳烃呈负相关关系（Penton 等，2007）。Ivorra 等通过室内实验研究认为重金属（Cd 与 Zn）可以显著减少生物膜的生物量（Ivorra 等，2002），本研究中 EPS 和 Chla 与水体中重金属污染指数呈负相关关系，与以上的研究结果一致。本研究中 EPS 与沉积物中重金属和多环芳烃呈正相关，但是相关性并不显著，这可能是因为天然环境更为复杂，营养物质等有利于生物膜生长的条件会对重金属等有毒有害物质引起的毒性效应有一定的补偿作用（Ivorra 等，2002），而天然河口中，同时受海洋和河口的影响，污染物情况更为复杂，使得生物膜群落的响应并不遵从单个环境因子变化时的规律，而是同时受多个环境因子的影响。

5.4　典型河口湿地生态健康评价

5.4.1　生物膜完整性指数的建立

前面的分析已经证明无论是细砂基质的采样点，还是粉砂基质的采样点，其上的生物膜群落结构、功能指标可以很好地反映环境的变化。为了明确这种生物膜群落结构功能指标与环境的综合状态，利用综合环境指数与生物膜群落结构功能指标进行逐步多元回归分析。逐步多元回归是基于最小二乘法原理，通过逐步回归剔除对因变量不起作用或作用极小的因子，挑选出显著性因子，最终得出最优回归模型。为了能够反映环境的综合情况，利用环境综合指数 P 与生物膜群落指标进行逐步回归分析，得到基于生物膜的生物完整性指数 B-IBI。综合指数 P 的计算公式如下：$P = \sum\limits_{i=1}^{n} W_i P_i$（式中，$P_i$ 为各个污染因子，包括 P_1、P_{2W}、P_{2S}、P_{3W}、P_{3S}；W_i 为各个污染指数对应的权重）。由于在计算各污染指数的时候，不同的评价标准已经包含了各种污染物的毒性、权重等信息，为了避免重复、盲目使用权重，在这里各个污染指数的权重均为 1。

（1）细砂基质生物膜

通过逐步多元线性回归（表 5-10），筛选出可以显著反映综合环境状态的生物膜指标为：BETA、Chlc 与 Chlc/a。根据逐步多元回归分析结果，基于生物膜的生物完整性指数可以表达为：

$$B\text{-}IBI = 0.801 BETA - 0.312 Chlc - 3.325 Chlc/a + 3.526 \qquad (5\text{-}5)$$

式中，B-IBI 为基于生物膜的生物完整性指数；Chlc 为生物膜的叶绿素 c 浓度；Chlc/a 为生物膜叶绿素 c 与叶绿素 a 的比值；BETA 为生物膜 β-葡萄糖苷酶活性。

表 5-10　细砂基质 B-IBI 逐步多元回归分析结果

系数	非标准化回归系数		标准化回归系数		
	B.	标准差	Beta	t	Sig.
常数	3.526	0.504		6.999	0.000
BETA	0.801	0.197	0.608	-4.072	0.007
Chlc	-0.312	0.075	-0.649	4.179	0.006
Chlc/a	-3.325	1.306	-0.436	2.547	0.044

（2）粉砂基质生物膜

由于粉砂基质各采样点污染指数比较大，比生物膜指标 Chlc/a 大 2～3 个数量级，因此首先对综合污染指数进行标准化处理。根据逐步多元回归分析结果（表 5-11），基于生物膜的生物完整性指数可以表达为：

表 5-11　粉砂基质 B-IBI 逐步多元回归分析结果

系数	非标准化回归系数		标准化回归系数		
	B.	标准差	Beta	t	Sig.
常数	2.736	0.143		19.186	0.000
Chlc/a	−3.586	0.530	−0.879	−6.771	0.000
Chlc	−0.039	0.013	−0.379	−2.915	0.017

$$\lg(\text{B-IBI}+1)=-3.586\text{Chlc/a}-0.039\text{Chlc}+2.736 \tag{5-6}$$

式中，B-IBI 是基于生物膜的生物完整性指数；Chlc 为生物膜的叶绿素 c 浓度；Chlc/a 是生物膜叶绿素 c 与叶绿素 a 的比值。为了方便，用生物膜指数的标准化值表示其生物膜的生物完整性指数，即：

$$\text{B-IBI}=-3.586\text{Chlc/a}-0.039\text{Chlc}+2.736 \tag{5-7}$$

5.4.2　河口健康评价

分别对细砂基质与粉砂基质生物膜各指标应用公式(5-6)与公式(5-7)，计算各采样点的生物完整性指数，具体结果见表 5-12。可见细砂基质各采样点均在 5 月份生物膜完整性指数最小，也就是生态系统健康状况最好，与 6 月份渤海湾石油泄漏的事实相符。粉砂基质各采样点中 S5 和 S6 是在春季生物膜完整性指数最高，生态系统健康状况最差；S7、S9、S10、S11 受人为干扰相对严重，均是在夏季生态系统健康状况最差。从各采样点生物膜完整性指数的平均值来看，细砂基质各采样点中滦河生态系统健康状况好于漳卫新河河口的最下端采样点；粉砂基质中，漳卫新河河口中上端各采样点生态系统健康状况好于海河干流河口，其中以海河闸下最差。

表 5-12　各采样点生物膜完整性指数

B-IBI	S1	S2	S3	S4	S8	S5	S6	S7	S9	S10	S11
5 月	1.039	1.247	1.968	1.630	1.991	1.647	2.280	1.704	1.407	1.547	1.795
8 月	1.383	3.030	2.669	3.385	2.370	1.609	1.945	2.121	1.631	1.425	1.939
11 月	2.658	2.170	—	1.622	2.616	0.929	1.492	1.094	0.404	0.548	1.476
平均值	1.693	2.149	2.319	2.212	2.326	1.395	1.906	1.640	1.147	1.173	1.737

因此，基于此对海河流域典型河口生态系统健康状况进行评价，滦河河口最好，其次是漳卫新河河口，海河河口最差；时间变化上，滦河河口和漳

卫新河河口最下端是春季好于夏季和秋季，海河河口与漳卫新河河口中上端采样点则是秋季好于春季和夏季。

5.5 小结

本章分析了海河流域各河口生态系统中生物膜的时空分布特征，通过冗余分析明确了对生物膜群落起主要影响作用的环境因子，分析了生物膜群落变化与各环境污染指数的关系，并通过逐步回归分析建立了基于生物膜的生物完整性指数。

总体来看，春季，滦河河口生物膜总生物量较低，且河口生物膜以藻类为主，且多为清水种，细菌含量较低；海河干流河口细菌生物量较高，藻类以蓝绿藻为主；漳卫新河河口生物膜总生物量较高，且藻类以清水种为主。夏季，滦河河口生物膜生物量、各种叶绿素含量、酶活性均较低，藻类以清水种（金藻、甲藻等）为主；海河干流河口仍然是各种酶的活性较高，生物膜生物量较高，且藻类以蓝绿藻为主；漳卫新河河口各种叶绿素含量与 Chlb/a 均较高，藻类生物量较高，且以蓝绿藻为主。秋季，则是漳卫新河河口具有较低的生物量，但是藻类以清水种为主；海河干流河口则相反。从时间变化来看，生物膜各指标除 LEU 的活性、Chlb/a 和 Chlc/a 外，均在不同季节存在显著性差异。

通过冗余分析，筛选出的 14 个环境变量可以解释生物膜群落变化的74.7%，解释生物膜群落特征与环境指标关系的 98.7%，其中基质类型和水体盐度是对生物膜群落影响较大的环境因子。根据各采样点基质的粒径组成、水体盐度，通过聚类分析将所有采样点分为细砂基质和粉砂基质。排除基质类型对生物膜的影响后，各环境污染指数可以解释生物膜群落变化的79.4% 和 71.5%。对于细砂基质，其营养物质浓度与 Chla、Chlb、LEU、EPS 呈正相关关系，水体中多环芳烃的浓度则与 Chla、EPS、BETA 呈负相关关系，水体中重金属的污染指数与 EPS、BETA 呈正相关；对于粉砂基质，EPS、Chlb/a 与水体和沉积物中营养盐和有机物呈正相关，Chlc、Chlb/a、EPS、LEU 均与水体中多环芳烃和重金属呈负相关。

通过逐步回归分析，对生物膜群落 9 个指标进行筛选，其中 Chlc、Chlc/a 与 BETA 可以很好地反映环境水体和沉积物污染物的变化。通过多元回归分析得到细砂基质和粉砂基质基于生物膜的生物多样性完整性指数，分别为 B-IBI＝0.801BETA－0.312Chlc－3.325Chlc/a＋3.526 和 B-IBI＝－3.586Chlc/a－0.039Chlc＋2.736。基于此对海河流域典型河口生态系统健康状况进行评价，滦河河口最好，其次是漳卫新河河口，海河河口最差；时间变化上，滦河河口和漳卫新河河口最下端是春季好于夏季和秋季，海河河口与漳卫新河河口中上端采样点则是秋季好于春季和夏季。

第 6 章

海河干流河口湿地净生产力模型

在河口水域，由于同时受到海水冲刷及陆源输入的作用，河口的初级生产过程及呼吸作用受多种环境因素的制约，其中主要参数包括温度、浑浊度、营养盐、盐度、光强、水扰动、pH 值及水生动物的摄食等。近年来，随着人类活动的加剧，尤其是闸坝的建设，淡水流量大大减少，影响甚至破坏了河口生态系统，这些改变包括水质、水量和生物群落的组成、分布及功能改变。

本章以海河干流河口为研究区，应用 APRFW 模型，模拟海河干流河口 GPP、R_{24} 和 P_n 季节变化，对 GPP 和 R_{24} 进行敏感性分析，量化辨析影响河口水生态系统 GPP、R_{24} 和 P_n 的主要环境因子，探讨海河干流河口水动力对 GPP、R_{24} 和 P_n 的影响，为河口水生态系统管理、保护提供科学依据。

6.1 研究区内容及方法

6.1.1 采样点分布

海河干流河口是海河干流的尾闾，是海河流域最重要的河口之一。海河干流河口位于渤海湾西岸，如今的天津市滨海新区（图 6-1）。海河干流河口采样点布设见图 6-1。本研究于 2011 年 4～11 月在海河干流河口 12 个采样点进行了采样。其中 S1、S2 位于海河尾闾，S3 和 S4 设在海河闸前后 500m，S5 位于海河口最狭窄位置，S6 靠近大沽排污河，附近为大沽排污河

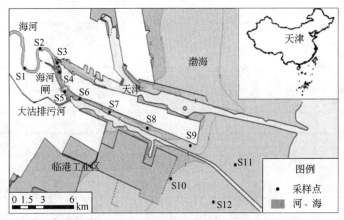

图 6-1　海河干流河口采样点图

[GS（2016）1610]

汇入处。S7、S8 为海河流出口，沿主流中泓线距海河闸 5.7km 和 8.7km。S9～S12 为潮间带。由于河口中心为船只航道，为了减少干扰，采样点设在距岸边 10m 处。每个站位均进行 GPS 定位。模型中河口的主要水文、水质特征数据如表 6-1、表 6-2 所示。河口生产者种类及主要参数见表 6-3。河口消费者种类及主要参数见表 6-4。

表 6-1　海河干流河口主要水文特征数据

水域面积/km²	最大长度/km	最大宽度/km	平均水深/m	年均水量/×10⁸m³	平均潮差/m	纬度/(°)	平均光强/(Ly/d)	平均气温/℃	平均蒸发量/(in/a)
36	15	3.5	5.58	2.23	2.15	39.1	349.5	12.9	70.01

表 6-2　海河干流河口主要水质数据

水质指标	pH 值	DO/(mg/L)	Sal/‰	Trans/cm	COD$_{Mn}$/(mg/L)
均值	8.42	8.64	23.15	71.23	10.93
范围	8.3～8.65	6.62～10.08	12.22～30.3	29～125	6.28～19.6

水质指标	TN/(mg/L)	NH$_4^+$/(mg/L)	TP/(mg/L)	Oil/(mg/L)	
均值	3.08	0.15	0.22	0.321	
范围	1.02～10.26	0.1～0.62	0.01～0.28	0.001～7.123	

表 6-3　海河干流河口生产者种类及主要参数

种类	浮游藻类			底栖藻类	大型水生植物
	硅藻	绿藻	蓝藻	硅藻	狐尾藻
B_0	0.003	0.04	0.002	0.0003	0.05
L_S/(Ly/d)	22.5	75	45	22.5	235
K_P/(mg/L)	0.085	0.03	0.033	0.055	0
K_N/(mg/L)	0.25	0.9	0.4	0.11	0
T_{RS}	1.5	1.0	1.35	1.4	1.5
T_0/℃	20	26	30	20	16
P_m/d^{-1}	0.88	1.98	1.62	1.66	1.25
R_{resp}/d^{-1}	0.24	0.22	0.024	0.08	0.13
M_c/d^{-1}	0.05	0.002	0.003	0.001	0.003
L_e/m^{-1}	0.18	0.14	0.08	0.03	0.05
W/D	5	5	5	5	5

表 6-4　海河干流河口消费者种类及主要参数

种类	浮游动物		大型底栖无脊椎动物			鱼类	
	桡足类	轮虫	贝类	虾	蟹	鲤鱼	鲫鱼
B_0	0.035	0.0001	0.066	0.15	0.001	0.01	0.009
H_s	1	1	1	0.05	0.5	0.85	3.21
$C_m/[g/(g \cdot d)]$	1.8	1.438	0.48	0.87	0.098	0.008	0.05
$P_{min}/(mg/L)$	0.25	0.6	0.05	0.05	0.1	0.25	0.1
$T_0/℃$	26	25	20	28	34	22	25
R_{resp}/d^{-1}	0.08	0.25	0.058	0.019	0.008	0.005	0.005
C_c	0.001	0.35	1	0.001	10	125	25
M_c/d^{-1}	0.025	0.25	0.005	0.001	0.01	0.005	0.005
L_f	0.01	0.05	0.05	0.05	0.05	0.1	0.06
W/D	5	5	5	5	5	5	5

表 6-3 中，B_0 为初始生物量，浮游藻类单位为 mg/L，底栖藻类和大型水生植物单位为 g/m^2；L_S 为光合作用时光饱和度；K_P 为磷半饱和常数；K_N 为氮半饱和常数；T_{RS} 为温度反应坡度；T_0 为最适宜温度；P_m 为最大光合作用率；R_{resp} 为呼吸速率；M_c 为死亡系数；L_e 为消光系数；W/D 为湿重与干重比值。

表 6-4 中，B_0 为初始生物量，浮游动物和鱼类单位为 mg/L，底栖动物单位为 g/m^2；H_s 为半饱和喂养，浮游动物和鱼类单位为 mg/L，底栖动物单位为 g/m^2；C_m 为最大消耗率；P_{min} 为捕食喂养；T_0 为最适宜温度；R_{resp} 为内呼吸速率；C_c 为承载能力，浮游动物和鱼类单位为 mg/L，底栖动物单位为 g/m^2；M_c 为死亡系数；L_f 为初始脂质比例；W/D 为湿重与干重比值。

6.1.2　水质监测

海河干流河口测定的水质参数有水温（T）、pH 值、盐度（Sal）、溶解氧（DO）、氨氮（NH_4^+）、化学需氧量（COD）、总氮（TN）、总磷（TP）、透明度（Tran）等水质指标。其中，T、pH、Sal、Tran、NH_4^+ 和 DO 采用 YSI 多功能参数仪现场测定，其他水样每个采样点取三份置于冰盒中运回实验室。COD、TN 和 TP 依据快速生物评价方法测定（CBEP，2002）。海河干流河口水质数据见表 6-2。

6.1.3 样品的采集及分析

（1）浮游动植物和大型水生植物

浮游动植物、大型水生植物采样详见样品采集。根据《湖泊生态系统观测方法》中的测定方法确定浮游藻类、浮游动物生物量及大型水生植物生物量（陈伟明等，2005）。

（2）底栖硅藻

利用自制采样器采集表层样品（0～5cm）。为了减少随机误差，每个采样点采集3～4次，混匀后放入塑料袋中密封，放置冰盒中运回实验室，置于－20℃冰箱中保存至分析。

实验室采用重液浮选法提取硅藻样品。其基本流程为：取5g硅藻样品放入烧杯中，加入10%的HCl溶液，缓慢加热并搅动15min，反应完全后进行离心沉淀，去除$CaCO_3$和某些金属氧化物，然后将HCl洗净；再向HCl处理过的溶液中加入30%的H_2O_2去除有机质，反应完全后离心沉淀，用去离子水将沉淀物清洗干净，如有较大粗粒有机质，用0.5mm筛过滤；用重液浮选法将硅藻从沉淀物中分离出来，去除矿物质，浮选两次，离心后保留上浮溶液，用去离子水稀释上浮溶液，再次离心分离，保留沉淀物，并用去离子水清洗干净；最后用酒精将样品洗净，并制作玻片，进行鉴定（Battarbee，1986）。在Olympus BX-51光学显微镜800倍下鉴定和统计硅藻，每个样品鉴定和统计硅藻壳体300粒左右。底栖硅藻鉴定分析依据《中国海洋底栖硅藻类（上、下）》（金德祥等，1982；1991）、《中国海藻志》（郭玉洁等，2003）等进行。

底栖硅藻生物量采用无灰干重表示。分别取3份预处理后平行样品称重，105℃下干燥24h后再次称重，在500℃马弗炉（SX-4-10 Fiber Muffle，Test China）内烘干1h后称量样品灰，计算无灰干重（AFDM）（Tlili等，2008），计算单位记为g/m^2。

（3）底栖动物

利用自制采样器采集表层样品（0～10cm）。为了减少随机误差，每个采样点采集3～4次，混匀后放入塑料袋中密封，放置冰盒中运回实验室，置于－20℃冰箱中保存至分析。

具体采样方法与之前底栖动物采集相同。鱼类样方的划定与大型水生植物相同，具体采集方法与之前鱼类采集相同。

（4）总有机碳（TOC）

样品采集与底栖动物采集方法相同。样品运回实验室后置于铝箔纸上自然风干。预处理及测定方法参照Gaudette等（1974）的研究，具体流程为：经110℃干燥24h后，取1～2g样品置于50mL带塞比色管中，然后加入5mL浓度为0.4mol/L的$K_2Cr_2O_7$溶液和5mL浓H_2SO_4，氧化去除沉积物中有机质，再置于185～190℃温度下加热消化，后加入$K_2Cr_2O_7$进一步氧化，以邻菲啰啉作为指示剂，采用0.2mol/L $FeSO_4$溶液滴定。

6.1.4　潮汐流速

鉴于全面监测海河干流河口潮汐流速存在实际问题，本研究采用李玉山等（1985）的研究成果。该监测历时两年，共布设16个站位，具体潮汐流速、潮差见表6-5和表6-6。

表6-5　海河干流河口潮汐平均流速

流速 /(m/s)	S4	S5	S6	S7	S8	S9	S10	S11	S12	平均值
落潮	0.009	0.184	0.294	0.146	0.133	0.173	0.154	0.138	0.138	0.152
涨潮	0.043	0.271	0.309	0.129	0.118	0.200	0.200	0.211	0.211	0.188

表6-6　海河干流河口平均潮差

潮差/m	海河闸	S4	S5	S8	平均值
大潮	3.24	3.25	3.36	3.28	3.283
中潮	2.62	2.25	2.75	2.44	2.515
小潮	1.54	—	1.52	1.27	1.443

数据来源：Li and Xiao（1985）。

6.2　建模与数据

概念模型的构建是方法选择的客观依据（Liu等，2011）。本章基于构建的PRFW概念模型，通过辨识海河流域生产者、消费者和有机碎屑，构建海河流域湿地食物网；通过分析海河流域河口水动力特征和食物网中各生物群落与初级生产力、群落呼吸速率关系，构建水质、水量及食物网环境因素综合作用下的海河流域湿地APRFW模型。

6.2.1 湿地食物网

海河干流河口的主要初级生产者为浮游植物、底栖藻类和大型水生植物；主要消费者为浮游动物、底栖动物和鱼类。结合本组以前研究（Zhang等，2013），海河流域湿地食物网构成见图 6-2。

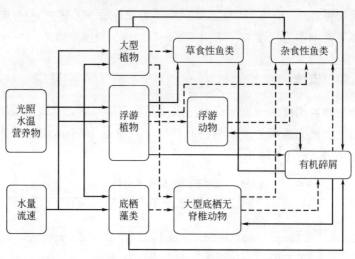

图 6-2　海河流域湿地食物网

6.2.2 水动力模型

在河口水域，由于同时受到海水冲刷及陆源输入的作用，水体湍流运动剧烈，其水动力特征与其他水体相比有着较大的差别。河口子模型由两个混合层组成，盐度是分层的控制因素。两个混合层之间的水平衡通过盐平衡计算。河口水柱盐度影响动物死亡率、藻类光合作用、呼吸作用和沉降、河口复氧作用。因此，河口盐度的时间变化至关重要。

河口水动力模型需要输入潮汐模型参数，同时需要淡水入流水量。海河干流河口淡水入流水量主要受地理气候环境和上游河道来水控制，近几年流量的急剧减少，导致河口水动力由原来的陆相变为现在的海相。

（1）河口分层模拟

$$FreshwaterHead = \frac{ResidFlow}{Area}$$

$$FracUpper = 1.5 \frac{FreshwaterHead}{TidalAmplitude + FreshwaterHead} \tag{6-1}$$

式中，FreshwaterHead 为淡水入流高度，m/d；ResidFlow 为减去挥发后淡水剩余流量，m^3/d；Area 为河口面积，m^2；FracUpper 为混合层上层平均深度所占比例，无单位；TidalAmplitude 为潮汐振幅，m。

混合层每层厚度及体积，可通过以下公式计算：

$$
\begin{aligned}
&\text{ThickUpper} = \text{FracUpper} \times \text{MeanDepth} \\
&\text{ThickLower} = \text{MeanDepth} - \text{ThickUpper} \\
&\text{VolumeUpper} = \text{FracUpper} \times \text{Area} \\
&\text{VolumeLower} = \text{FracLower} \times \text{Area}
\end{aligned}
\tag{6-2}
$$

式中，ThickUpper 为混合层上层的高度，m；ThickLower 为混合层下层的高度，m；MeanDepth 为河口平均水深，m；FracLower 为混合层下层深度占混合层比例，无单位；VolumeUpper 为上层水体积，m^3；VolumeLower 为下层水体积，m^3；Area 为河口面积。

(2) 河口潮汐振幅

潮汐振幅总方程参照 Manual of Harmonic Analysis and Prediction of Tides (U. S. Department of Commerce，1994)：

$$
\text{TidalAmplitude} = \sum_{\text{Con.}} \left\{
\begin{aligned}
&\text{Amp}_{\text{Con.}} \times \text{Nodefactor}_{\text{Con.,Year}} \times \\
&\cos[(\text{Speed}_{\text{Con.}} \times \text{Hours}) + \text{Equil}_{\text{Con.,Year}} - \text{Epoch}_{\text{Con.}}]
\end{aligned}
\right\}
\tag{6-3}
$$

式中，TidalAmplitude 为一个半分潮的范围，m；Con. 为八个组成部分综合；$\text{Amp}_{\text{Con.}}$ 为每一个分潮振幅，m；Nodefactor 为每年每一分潮节点因子，deg.；Speed 为每一分潮速度，deg./hour；Hours 为每年起始时间，hours；Equil 为以格林尼治子午线为准，各个分潮汐的平衡参数，deg.；Epoch 为每一分潮汐相位滞后程度，deg.。

(3) 水平衡

水平衡计算参照盐平衡方程 (Ibáñez 等，1999)

$$
\begin{aligned}
&\text{SaltwaterInflow} = \frac{\text{ResidFlow}}{\text{SalinityLower}/\text{SalinityUpper} - 1} \\
&\text{Outflow} = \frac{\text{ResidFlow}}{1 - \text{SalinityUpper}/\text{SalinityLower}}
\end{aligned}
\tag{6-4}
$$

式中，SaltwaterInflow 为从河流尾闾进入河口的水量，m^3/d；Outflow 为流出河口的水量，m^3/d；ResidFlow 为淡水剩余流量，减去挥发量后可能是负值。

（4）河口复氧作业

河口是陆海相互作用区域，大气复氧作用强烈，对水体溶解氧浓度存在显著影响。河口大气复氧方程采用 Thomann 和 Fitzpatrick（1982）复合方程。

$$\mathrm{K\ Reaer} = 3.93\frac{\sqrt{\mathrm{Velocity}}}{\mathrm{Thick}^{3/2}} + \frac{0.728\sqrt{\mathrm{Wind}} - 0.317\mathrm{Wind} + 0.0372\mathrm{Wind}^2}{\mathrm{Thick}}$$

其中每日潮汐平均流速可通过（Thomann 和 Mueller，1987）方程计算。

$$\mathrm{Velocity} = \frac{\left| \mathrm{Resid\ Flow\ Vel} + \mathrm{Tidal\ Vel} \times \left[1 + 0.5\sin\left(\frac{2\pi\mathrm{Day}}{12}\right) \right] \right|}{86400} \tag{6-5}$$

式中，Velocity 为潮汐平均流速，m/s；Wind 为风速，m/s；Resid Flow Vel 为淡水流速，m/d；Tidal Vel 为潮汐平均流速，m/d；Day 为每年天数，d；K Reaer 为复氧系数。

6.2.3 APRFW 湿地净生产力模型

APRFW 模型植物库模拟藻类和大型植物。藻类包括浮游藻类和附着藻类，大型植物包括沉水植物、漂浮植物、根生漂浮植物和苔藓类植物。植物初级生产力受温度、可透过光线、营养物质、栖息地类型等条件影响。水生植物总初级生产力为藻类初级生产力与大型植物初级生产力之和。藻类、大型植物的初级生产力计算方程如下。

（1）总初级生产力

对于藻类：

$$P_{\mathrm{algae}} = P_{\max}\mathrm{PProd}_{\mathrm{limit}}\mathrm{Biomass}_{\mathrm{algae}}\mathrm{Habitat}_{\mathrm{limit}}\mathrm{Salt}_{\mathrm{effect}}$$

$$\mathrm{PProd}_{\mathrm{limit\text{-}photo}} = \mathrm{Lt}_{\mathrm{limit}}\mathrm{Nutri}_{\mathrm{limit}}\mathrm{T}_{\mathrm{corr}}\mathrm{Frac}_{\mathrm{Photo}}$$

$$\mathrm{PProd}_{\mathrm{limit\text{-}peri}} = \mathrm{Lt}_{\mathrm{limit}}\mathrm{Nutri}_{\mathrm{limit}}\mathrm{V}_{\mathrm{limit}}(\mathrm{Frac}_{\mathrm{littoral}} + \mathrm{SurfArea}_{\mathrm{Conv}}\mathrm{Biomass}_{\mathrm{macro}})$$

$$\mathrm{T}_{\mathrm{corr}}\mathrm{Frac}_{\mathrm{Photo}} \tag{6-6}$$

式中，P_{algae} 为浮游藻类与附着藻类的光合作用率，g/（m²·d）；$P_{\max}$ 为最大光合作用率，1/d；$\mathrm{Biomass}_{\mathrm{algae}}$ 为浮游藻类与附着藻类的生物量，g/m²；$\mathrm{Habitat}_{\mathrm{limit}}$ 为由于植物喜好的栖息地限制作用，无单位；$\mathrm{Salt}_{\mathrm{effect}}$ 为盐度对光合作用影响，无单位；$\mathrm{Lt}_{\mathrm{limit}}$ 为光的限制作用，无单位；$\mathrm{Nutri}_{\mathrm{limit}}$ 为营养物的限制作用，无单位；$\mathrm{T}_{\mathrm{corr}}$ 不适宜温度限制作用，无单位；$\mathrm{Frac}_{\mathrm{Photo}}$ 为有毒

物质对光合作用影响，无单位；V_{limit} 为流速对底栖藻类限制，无单位；$Frac_{littoral}$ 为透光层面积的比例，无单位；$SurfArea_{Conv}$ 为单位底栖藻类转变为大型植物的面积，m^2/g；$Biomass_{macro}$ 为大型水生植物在系统中的总生物量，g/m^2；$PProd_{limit}$ 为浮游植物初级生产力；$PProd_{limit-photo}$ 为底栖硅藻初级生产力；$PProd_{limit-peri}$ 为浮游藻类初级生产力。

对于大型植物：

$$P_{macro} = P_{max} Lt_{limit} T_{corr} Biomass_{macro} Frac_{littoral} Nutri_{limit} Frac_{Photo} Habitat_{limit} \tag{6-7}$$

式中，P_{macro} 为大型植物光合作用率，$g/(m^2 \cdot d)$；$Nutri_{limit}$ 为对苔藓植物或自由漂浮植物的营养物限制。

（2）群落呼吸速率

群落呼吸速率不仅仅包括藻类和大型植物的呼吸，还包括动物呼吸作用，为整个生态系统的总呼吸作用。

① 对于藻类和大型植物　内呼吸或暗呼吸过程中，植物利用氧气产生自身代谢所需的能量，与此同时，释放出二氧化碳。藻类及大型植物呼吸速率的计算方程为：

$$Re_{plant} = Re_{20} \times 1.045^{(T-20)} Biomass \tag{6-8}$$

式中，Re_{plant} 为暗呼吸，$g/(m^3 \cdot d)$；Re_{20} 为使用者输入的 20℃ 呼吸速率，$g/(g \cdot d)$；T 为实际水温，℃；$Biomass$ 为植物生物量，g/m^3。该方程对藻类和大型植物均适用。

② 对于动物　动物呼吸可认为由三部分组成，且受盐度影响，具体计算方程为：

$$Respiration_{pred} = (StdResp_{pred} + ActiveResp_{pred} + SpecDynAction_{pred}) \times SaltEffect \tag{6-9}$$

式中，$Respiration_{pred}$ 为捕食者的呼吸损失，$g/(m^3 \cdot d)$；$StdResp_{pred}$ 为温度修正后的基础呼吸损失，$g/(m^3 \cdot d)$；$ActiveResp_{pred}$ 为游泳损耗的呼吸损失，$g/(m^3 \cdot d)$；$SpecDynAction_{pred}$ 为自身代谢的呼吸损失，$g/(m^3 \cdot d)$；$SaltEffect$ 为盐度对呼吸损失的影响，无单位。

根据生物量、光的限制作用及营养物限制作用等方程（详见 http://water. epa. gov/scitech/datait/models/aquatox/upload/Technical-Documentation-3-1. pdf.），可以计算出藻类和大型植物总初级生产力，以及藻类、大型植物和动物的群落呼吸速率，进而求出水生态系统净生产力。由于海河流域河流、湖泊、河口各生态单元浑浊度、营养盐、盐度、光强、水扰动等环境条件差异，其初级生产力、群落呼吸速率及净生产力特征存在较大的差别，因此，基于 APRFW 模型，需要在不同的生态单元进行应用研究。

6.2.4　模型验证

浮游植物、底栖藻类和大型水生植物初级生产力是基于其生物量进行计算的。因此，本研究在控制（control）条件下运用野外调查所获得的种群生物量数据，对所建立的 APRFW 模型进行校正。模型校准通过一致修正指数（the modified index of agreement，d_1）（Willmott 等，1985）和有效修正系数（the modified coefficient of efficiency，E_1）（Legates 和 McCabe，1999）来进行拟合优度指数评价。校正结果根据 5 个等级进行分类，具体分类见表 6-7（Henriksen 等，2003）。d_1 和 E_1 计算公式如下。

$$d_1 = 1 - \frac{\sum_{i=1}^{n} |O_i - P_i|}{\sum_{i=1}^{n} |P_i - \overline{O}| + |O_i - O|}$$

$$E_1 = 1 - \frac{\sum_{i=1}^{n} |O_i - P_i|}{\sum_{i=1}^{n} |O_i - \overline{O}|} \tag{6-10}$$

式中，O_i 为第 i 时间实测值；P_i 为第 i 时间模拟值；$\overline{O}$ 为观测平均值；n 为实测值次数。

表 6-7　模型校正结果分类

指数值	<0.2	0.20~0.50	0.50~0.65	0.65~0.85	>0.85
分类	非常差	差	好	很好	极好

注：模型校正结果分类依据 Henriksen 等（2003）。

此外，绝对误差通过均方根误差（RMSE）和平均绝对误差（MAE）进行估算。

$$RMSE = \sqrt{\frac{1}{n} \sum_{i=1}^{n} (O_i - P_i)^2}$$

$$MAE = \frac{1}{n} \sum_{i=1}^{n} |O_i - P_i| \tag{6-11}$$

绝对误差是评价模拟值与实测值是否一致的有效方法。如果 RMSE 或 MAE 为 0，说明模拟值与实测值相同（Bartell 等，1992），RMSE 或 MAE 值越小，模拟值与实测值越接近。

6.2.5　模型敏感性分析

敏感性指因输入数值变化而引起的模型输出结果的变化。敏感性分析提供了对于模型输出结果变化或不确定性的相对贡献的假设输入排序（U. S. Environmental Protection Agency，1997）。

为了减少输入参数的不确定性，降低输出结果误差，需要识别出模型中最敏感的参数。敏感性分析方法是拉丁超立方体抽样方法，参数敏感性的计算公式为：

$$S_{Ii}^2 = \delta_{0,Ii}^2 / \delta_{Ii}^2 \tag{6-12}$$

式中，S_{Ii}^2 为输出对输入变化的敏感性；$\delta_{0,Ii}^2$ 为输入参数 i 的不确定性引起输出结果的变化；δ_{Ii}^2 为输入参数 i 对数正态分布变化。

6.3　GPP、R_{24} 和 P_n 的季节变化及敏感性分析

6.3.1　APRFW 模型校验结果分析

海河干流河口 6 个典型生物群落生物量模型模拟值与野外监测值的比较见图 6-3。可以看出，模型模拟值与实际监测值拟合良好，APRFW 模型能较好地模拟海河干流河口优势种群的生物量年内变化趋势。校正模型的一致修正指数 d_1 和有效修正系数 E_1 见表 6-8。结果表明，一致修正指数 d_1 范围为 0.62～0.79，有效修正系数 E_1 范围为 0.50～0.67，证明模拟拟合良好，模型预测值与实测值分布趋势相同。同时，模型模拟均方根误差（RMSE）和平均绝对误差（MAE）较小。因此，我们判断模型校正充分，预测结果合理可信。

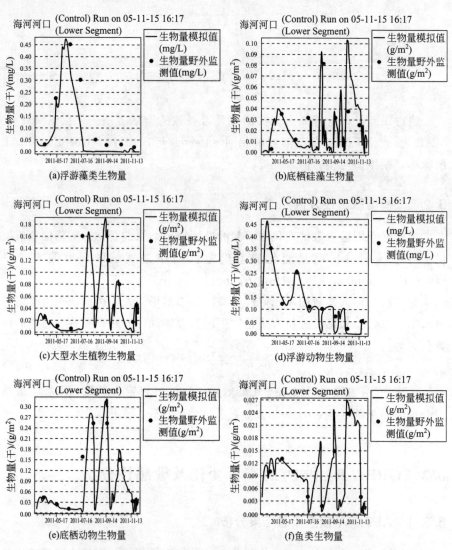

图 6-3　海河河口典型生物群落生物量模拟值（实线）与野外监测值（圆点）

表 6-8　模型验证拟合优度指数

群落	d_1	E_1	RMSE	MAE
浮游藻类	0.79	0.67	0.130	0.101
底栖藻类	0.62	0.53	0.086	0.057
大型水生植物	0.70	0.62	0.106	0.081
浮游动物	0.68	0.51	0.062	0.037
底栖动物	0.63	0.52	0.095	0.073
鱼类	0.69	0.50	0.032	0.031

6.3.2　生物量的季节变化

由图 6-4 可知，海河干流河口浮游藻类生物量季节变化规律较为明显，初夏最高，春季次之，秋季最低。由于实验条件限制，海河干流河口仅测定了表层底泥中底栖硅藻，底栖硅藻生物量季节变化不太显著，可能与海河干流河口底泥清淤，底栖硅藻受到影响有关。狐尾藻生物量为夏季、秋季＞春季。

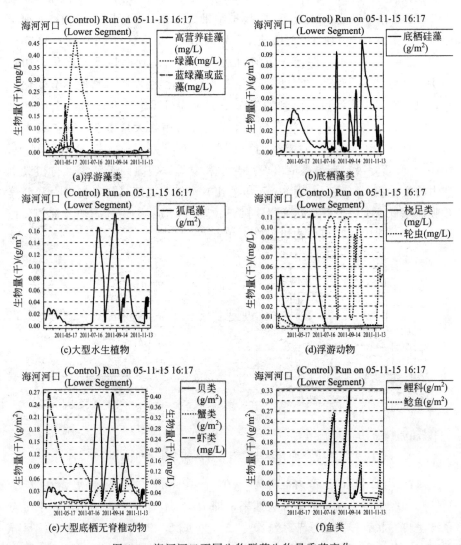

图 6-4　海河河口不同生物群落生物量季节变化

海河干流河口浮游动物桡足类生物量为夏季＞春季＞秋季；轮虫类生物量呈现夏季、秋季＞春季；虾类生物量则为春季＞夏季＞秋季；蟹类最高生物量出现在初秋，其次为夏季，春季生物量较低；海河干流河口鱼类生物量季节变化与蟹类生物量相似，初秋最高，夏季次之，春季最低。

6.3.3 GPP、R_{24}和P_n的季节变化

在控制（control）条件下，采用验证后 APRFW 模型对海河干流河口初级生产力和群落呼吸速率进行模拟，模拟结果见图 6-5。由图 6-5 可知，海河干流河口总初级生产力和群落呼吸速率分别为 $16\sim1789mgO_2/(m^2 \cdot d)$ 和 $56\sim1083mgO_2/(m^2 \cdot d)$。海河干流河口初级生产力呈现明显季节变化，初夏（6 月份）明显高于春季和秋季，这与图 6-4(a) 浮游藻类生物量季节变化一致，也与海河干流河口监测到的浮游藻类生物量季节变化一致（白明和张萍，2010；蔡琳琳等，2013）。初夏季节，浮游植物大量增殖，其初级生产力达最高值，浮游植物生物量与系统初级生产力明显相关（蒋万祥等，2010）。群落呼吸速率最高值出现在春季和夏季，明显高于秋季，与初级生产力的变化不太一致。由表 6-9 可以看出，海河干流河口初级生产力和群落呼吸速率低于美国佛罗里达海岸、阿巴拉契科拉海湾、蒙特雷湾及葡萄牙杜罗河口，与我国珠江河口初级生产力相近。

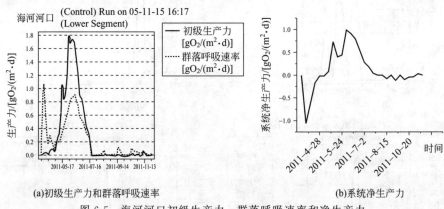

(a)初级生产力和群落呼吸速率   (b)系统净生产力

图 6-5　海河河口初级生产力、群落呼吸速率和净生产力

海河干流河口净生产力范围为 $-1046\sim1038mg\ O_2/(m^2 \cdot d)$。在夏季，系统总初级生产力高于群落呼吸速率，即 $P_n>0$，净生产力为正值，水生态系统呈自养状态。其他季节系统净生产力为负值，$P_n<0$，水生态系统呈异养状态，其原因可能有以下三方面：（1）海河干流河口是海河尾闾，来自上

表 6-9　不同地区河口初级生产力、群落呼吸速率和净生产力

地点	地区	GPP/[mg O₂ /(m²·d)]	R_{24}/[mg O₂ /(m²·d)]	P_n/[mg O₂ /(m²·d)]	参考文献
Florida coast	美国	640～3840	228～2240	320～1344	Hitchcock 等,2010
Apalachicola Bay	美国	500～6500	300～5200	−1800～3200	Caffrey,2003
Monterey Bay	美国	—	1600～7300	600～49500	Nidzieko 等,2014
Douro estuary	葡萄牙	13～5367	48～9360	—	Azevedo 等,2006
海河干流河口	中国	16～1789	56～1083	−1046～1038	本研究
黄河河口	中国	—	—	−5320～4840	孙涛等,2011
珠江河口	中国	640～2360	—	—	蒋万祥等,2010

游的污染物和悬浮物随河流流入河口，微生物降解有机污染物消耗了大量氧气；(2) 河口由于淡水入流和潮汐的双重作用，水动力显著，水体浑浊度较高，浮游藻类等的初级生产力受到抑制；(3) 群落组成中，异养生物占有相当大比例，其代谢活动消耗了大量氧气。海河干流河口净生产力变化范围较小，其最高值低于美国 Florida 海岸、Apalachicola 海湾、Monterey Bay 和黄河河口净生产力。

受到温度、水文、食物网等环境因子季节变化的影响，海河干流河口初级生产力和群落呼吸速率呈现季节性变化。海河干流河口总初级生产力和群落呼吸速率分别为 16～1789mg O₂/(m²·d) 和 56～1083mg O₂/(m²·d)，系统净生产力范围为 −1046～1038mg O₂/(m²·d)。初夏 6、7 月份，海河干流河口初级生产力和群落呼吸速率达到最高值 1789mg O₂/(m²·d) 和 1083mg O₂/(m²·d)，系统净生产力也达到最高值 1038mg O₂/(m²·d)。墨西哥河口 (Caffrey 等，2014)、黄河河口 (Shen 等，2015)、珠江河口 (蒋万祥等，2010) 初级生产力和群落呼吸速率均在夏季达到最高值。除了河口，部分湿地 (Hagerthey 等，2010)、湖泊 (Staehr 和 Sand-Jensen，2007；张运林等，2004) 的初级生产力和群落呼吸速率也在夏季达到最高值。因此，夏季高温促进了初级生产力和群落呼吸速率的增长。此外，夏季太阳辐射较强，光合有效辐射 (400～700nm) 增加，从而使其光合作用率提高 (Shen 等，2015)，使其初级生产力达到年内最高值。光强在水体中的穿透深度取决于水体透明度 (Fitch 和 Christine，2014)。在海河干流河口，由于水动力作用较强，一方面由于水动力扰动会引起水下光强迅速衰减 (张运林等，2004)，使其最大初级生产力降低；另一方面，由于水动力扰动会

引起水中悬浮物质增加，使光量和光谱质量受到限制，影响其光合产量（Obrador 和 Pretus，2008）。因此，海河干流河口最大初级生产力较低，低于白洋淀湖泊。Odum（1971）认为，代谢平衡反映了外界有机或无机污染物输入对系统的整体影响。Tang 等（2014）的研究进一步说明，悬浮有机粒子（或浊度）增加可以提高水柱中光的吸收或反射，从而降低沉水植物吸收的有效光合辐射，进而导致水生植物光合作用的降低，影响系统代谢平衡。通过促进群落呼吸速率，陆源有机物的少量输入能够促使贫营养河口转向异养状态（Ram 等，2003）。在春季，海河干流河口温度较低，光照减弱，淡水入流水量较少，但水体中营养物质增加，初级生产力降低而群落呼吸速率较高，系统呈现异养状态（图 6-4 和图 6-5）。在初夏 6、7 月份，海河干流河口温度较高，光照较强，但淡水入流水量较少，水体中营养物质浓度较低，其初级生产力高于群落呼吸速率，系统净生产力为正值，系统呈现自养状态。而在秋季，温度降低，光照减弱，淡水入流水量增大，水体营养物质浓度较低，其初级生产力仍低于群落呼吸速率，系统代谢呈异养状态，但 P_n 值高于春季。该结论与 Liu（2015）在黄河河口的研究结论一致，即除了夏季水体呈自养状态外，其他季节水体均呈异养状态。这预示着在夏季，尽管有机污染物大量输入，但由于夏季高温、高营养和高有效光合辐射，河口代谢较其他季节能较快恢复到较高水平。海河河口氨氮、总磷和淡水入流水量模拟值见图 6-6。

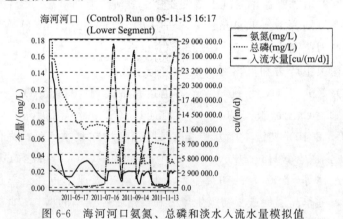

图 6-6　海河河口氨氮、总磷和淡水入流水量模拟值

6.3.4　GPP、R_{24} 和 P_n 的敏感性分析

表 6-10 列出了模型中初级生产力和群落呼吸速率的最主要敏感参数，第一列为海河干流河口的初级生产力和群落呼吸速率，后面四列列举了初级

生产力和群落呼吸速率最敏感的四个因子。模型的敏感性指数越大，模型参数对初级生产力或群落呼吸速率的变化贡献越大。根据敏感性分析结果，海河干流河口初级生产力和群落呼吸速率均对浮游绿藻（Photo，Greens）最适宜温度最敏感，其余敏感因子分别为淡水流入水量、浮游绿藻最大光合速率和浮游绿藻呼吸速率。说明绿藻对海河干流河口初级生产力、群落呼吸速率贡献较大。

表 6-10　APRFW 模型敏感性分析

指标	控制生理参数的因子排序（敏感性指数）			
	1	2	3	4
GPP	Photo，Greens T_0(24.8)	WI(17.2)	Photo，Greens P_m(12.8)	Photo，Greens R(10.3)
R_{24}	Photo，Greens T_0(20.1)	WI(16.6)	Photo，Greens R(10.3)	Photo，Greens P_m(8.2)

注：T_0 为最适宜温度；P_m 为最大光合速率；R 为呼吸速率；WI 为流入水量。

6.4　环境因子对 GPP、R_{24} 和 P_n 的影响机制

6.4.1　GPP、R_{24} 和 P_n 环境影响因素量化辨析

为明确 GPP、R_{24}、P_n 与环境因子的相关性，将修正后 APRFW 模型模拟值导出，采用 Pearson 相关性进行分析。海河干流河口的主要参数包括温度、盐度（Salinity）、光强、透明度、生化需氧量、溶解氧、总氮、总磷、pH、淡水入流水量（IV）、水深（WD）、潮高（TH）、涨潮流速（RV）、退潮流速（EV）、桡足类（Copepod）生物量、轮虫（Rotifer）生物量、蛤蜊（Surf clam）生物量、虾（Shrimp）生物量、蟹类（Crab）生物量、鲤鱼（Carp）生物量和鲶鱼（Catfish）生物量等，分析结果见表6-11。由于海河干流河口各点 pH 值接近，在相关性分析时进行了去除。

海河干流河口由于同时受到淡水入流和渤海潮汐的作用，水体分层明显，上层水体与下层水体呈现不同的水质特征。本研究取上层水体和下层水体各指标的平均值。由表 6-11 可以看出，总初级生产力与光强、溶解氧、桡足类生物量呈显著正相关，与风速、淡水入流水量、轮虫生物量呈负相关；群落呼吸速率与总氮、总磷、溶解氧、桡足类生物量和虾生物量呈显著正相关，与淡水入流水量、轮虫、蛤蜊和蟹类生物量呈负相关；净生产力与

光强、透明度、溶解氧呈显著正相关，与生化需氧量呈负相关。综合看来，光强、营养物、淡水入流水量、浮游动物生物量均对海河干流河口初级生产力有重要影响。另外，因河口水动力条件复杂，水体复氧作用对初级生产力和群落呼吸速率的影响较大。

表 6-11　海河干流河口生产力指标与环境指标 Pearson 相关性分析

指标	GPP		R_{24}		P_n	
	r	P	r	P	r	P
$T/℃$	0.155	0.015	−0.077	0.233	0.317	0.000
光照强度/(ly/d)	0.460[①]	0.000	0.341	0.000	0.436[②]	0.000
盐度/‰	−0.320	0.000	−0.302	0.000	−0.247	0.000
TN/(mg/L)	0.257	0.018	0.428[①]	0.000	0.033	0.605
TP/(mg/L)	0.276	0.023	0.635[②]	0.000	−0.119	0.064
透明度/m	0.340	0.011	−0.130	0.042	0.661[②]	0.000
DO/(mg/L)	0.727[②]	0.000	0.615[②]	0.000	0.622[②]	0.000
BOD_5/(mg/L)	−0.109	0.089	0.284	0.000	−0.426[②]	0.000
IV/m	−0.441[①]	0.000	−0.498[②]	0.000	−0.267	0.015
TH/m	0.219	0.001	0.186	0.004	0.187	0.003
WV/(m/s)	−0.510[①]	0.001	0.236	0.003	0.137	0.012
桡足类/(mg/L)	0.574[②]	0.000	0.734[②]	0.000	0.272	0.018
轮虫/(mg/L)	−0.435[②]	0.001	−0.535[②]	0.000	−0.224	0.002
蛤蜊/(g/m²)	−0.414	0.001	−0.438[②]	0.001	−0.277	0.013
虾/(mg/L)	0.303	0.013	0.631[②]	0.000	−0.072	0.262
蟹类/(g/m²)	−0.403	0.004	−0.472[①]	0.000	−0.228	0.014
鲤鱼/(g/m²)	−0.297	0.015	−0.369	0.007	−0.150	0.021
鲶鱼/(g/m²)	−0.319	0.012	−0.394	0.005	−0.164	0.010

① 表示 0.05 水平下显著相关。

② 表示 0.01 水平下显著相关。

为了避免定性描述的片面性，应用多元回归分析，进一步探讨生产力指标对海河干流河口环境因子变化的响应。分析中需先对因变量 Y 进行正态性检验，海河干流河口 Kolmogorov-Smirnov Test 输出结果显示因变量 Y

服从正态分布。应用逐步多元回归分析方法，以选定的参数分别对 18 个指标进行逐步多元回归，依据决定系数、F 检验和 t 检验及共线性分析选出最优回归方程（表 6-12）。海河干流河口参数 T（X_1），Light（X_2），Salinity（X_3），TN（X_4），TP（X_5），Trans（X_6），DO（X_7），BOD_5（X_8），IV（X_9），TH（X_{10}），WV（X_{11}），Copepod（X_{12}），Rotifer（X_{13}），Surf clam（X_{14}），Shrimp（X_{15}），Crab（X_{16}），Carp（X_{17}）和 Catfish（X_{18}）。在经过逐步多元回归得到的 3 个回归模型中，生产力指标的可信度都达到了 95％以上，经 F 检验，因变量和自变量相关性达到显著水平。由表 6-12 可知，海河干流河口 T、Light、Salinity、TN、TP、DO、BOD_5、IV 对 GPP 和 R_{24} 贡献较大，拟合方程的决定系数分别为 0.730 和 0.729。海河干流河口 T、Light、Salinity、TN、TP、Trans、DO、BOD_5 和 IV 对 P_n 贡献较大，拟合方程的决定系数为 0.959。根据公式 $e=\sqrt{1-R^2}$ 计算剩余因子 e，海河干流河口 GPP、R_{24} 对应 e 值较大，分别为 0.520 和 0.521，说明对于该特征的影响因素不仅有以上 10 个因子还有其他较大方面的影响没有考虑到，对于该特征影响因素的全面分析有待进一步研究。

表 6-12　海河干流河口 GPP、R_{24} 和 P_n 回归模型

指标	回归方程	R^2	e	P
GPP	$Y=-0.518-0.058X_1+0.004X_2-0.984X_4-1.115\times10^{-8}$ $X_9+0.141X_{10}+1.517X_{12}$	0.730	0.520	0.001
R_{24}	$Y=-0.899+0.002X_3-0.104X_4+5.779X_5+0.083$ $X_7-0.019X_8-2.050\times10^{-10}X_9+1.130X_{13}$	0.729	0.521	0.002
P_n	$Y=-281.387-0.025X_1+0.001X_2-0.430X_4+$ $5.098X_5+1068.712X_6-0.053X_7+1.879X_8$	0.959	0.080	<0.001

为进一步明确环境因子的直接影响以及环境因子之间的相互作用对 GPP、R_{24} 和 P_n 产生的不同效应，本研究采用通径分析进一步明确环境因子对 GPP、R_{24} 和 P_n 的直接和间接作用。表 6-13～表 6-15 中列出了海河干流河口 GPP、R_{24}、P_n 与环境因子的通径系数分析结果。由表 6-13 可以看出，环境因子对海河干流河口初级生产力直接影响作用的顺序为光照强度＞TH＞T＞TN＞IV＞桡足类；而总氮（X_4）对初级生产力的间接作用最大，其通过淡水入流水量（IV）对初级生产力产生了较大正值的间接作用。由表6-14 可以看出，环境因子对海河干流河口群落呼吸速率直接影响作用的顺序为 TP＞DO＞Rotifer＞TN＞BOD_5＞Salinity＞IV；而总氮（X_4）对群落呼吸

速率的间接作用最大,其通过淡水入流水量(X_9)和总磷(X_5)对群落呼吸速率产生了较大正值的间接作用。由表 6-15 可以看出,环境因子对海河干流河口净生产力直接影响作用的顺序为 TP＞T＞DO＞Trans＞Light＝BOD_5＞TN;而 Trans(X_6)对系统净生产力的间接作用最大,其通过总磷(X_5)和生化需氧量(X_8)对系统净生产力产生了较大负值的间接作用。总之,光强、营养盐、潮高和淡水入流水量是影响海河干流河口 GPP 最主要的环境因子,营养盐、溶解氧、盐度和淡水入流水量是影响海河干流河口 R_{24} 最主要的环境因子,温度、营养盐、溶解氧、透明度是影响海河干流河口 P_n 最主要的环境因子。与北运河、白洋淀不同,海河干流河口浮游动物桡足类生物量对 GPP 产生了较大正值的间接作用,轮虫类生物量对 R_{24} 产生了较大正值的直接作用和间接作用,说明浮游动物的摄食作用是影响海河干流河口 GPP 的重要因子。其他因子如氨氮、风速等对 GPP、R_{24} 和 P_n 的直接作用及间接作用并不突出。

表 6-13　海河干流河口初级生产力与环境因子通径系数分析

GPP	直接通径系数	间接通径系数						
		X_1	X_2	X_4	X_9	X_{10}	X_{12}	平均值
X_1	−0.529		0.355	0.202	−0.154	0.043	0.013	0.104
X_2	0.558	−0.248		0.088	0.060	0.066	0.061	0.027
X_4	−0.188	0.139	−0.087		0.563	0.036	0.045	0.696
X_9	−0.175	0.063	0.035	−0.337		0.085	0.074	−0.08
X_{10}	0.541	−0.101	0.217	−0.122	0.423		0.122	0.539
X_{12}	0.075	−0.021	0.138	−0.104	0.285	0.083		0.381

表 6-14　海河干流河口群落呼吸速率与环境因子通径系数分析

R_{24}	直接通径系数	间接通径系数						
		X_3	X_4	X_5	X_7	X_8	X_9	X_{13}	平均值
X_3	0.022		0.406	−0.293	−0.032	0.001	−0.441	−0.246	−0.605
X_4	−0.036	−0.145		0.432	0.042	0.033	0.553	−0.364	0.989
X_5	0.690	−0.143	−0.589		0.029	0.087	0.360	0.265	0.009
X_7	0.577	−0.066	−0.237	0.120		−0.019	0.471	0.194	0.463
X_8	−0.025	0.004	−0.195	0.375	−0.020		−0.072	0.046	0.138
X_9	−0.006	−0.186	−0.651	0.311	0.099	−0.015		0.331	−0.111
X_{13}	0.174	0.192	0.793	0.423	−0.075	−0.017	−0.612		0.704

表 6-15　海河干流河口净生产力与环境因子通径系数分析

P_n	直接通径系数	间接通径系数							
		X_1	X_2	X_4	X_5	X_6	X_7	X_8	平均值
X_1	−0.37		0.229	0.06	−0.282	0.159	−0.109	−0.106	−0.049
X_2	0.28	−0.303		0.026	−0.003	0.097	−0.165	−0.050	−0.398
X_4	−0.13	0.170	−0.056		0.374	−0.072	−0.091	0.064	0.389
X_5	0.54	0.193	−0.001	−0.09		−0.198	−0.063	0.168	0.009
X_6	0.32	−0.184	0.085	0.029	−0.335		−0.116	−0.263	−0.784
X_7	−0.33	−0.122	0.140	−0.036	0.104	0.112		−0.037	0.161
X_8	0.28	0.141	−0.05	−0.03	0.324	−0.301	0.044		0.128

6.4.2　水动力学特性对 GPP、R_{24} 和 P_n 的影响

除了温度、光强和营养盐，河口初级生产力和群落呼吸速率还受到水动力特性的调控（宋星宇等，2004）。淡水入流水量和潮汐高度是表征河口水动力特性的重要指标。在海河干流河口，淡水入流水量（IV）通过海河闸控制，因此，淡水入流水量是高度变化的，尤其在枯水期。潮汐高度采用潮高（TH）表示。为了分析淡水入流水量、潮高对海河干流河口 GPP、R_{24} 和 P_n 的影响，将修正后 APRFW 模型模拟值导出，采用 Pearson 相关性进行分析。这些分析均在 SPSS 16.0（SPSS Inc.，Chicago，USA）软件中进行，分析结果见表 6-16。海河干流河口由于同时受到淡水入流和渤海潮汐的作用，水体分层明显，上层水体与下层水体呈现不同的水质特征。上层水体中，总初级生产力与淡水入流水量呈负相关（$P<0.01$）。下层水体中，总初级生产力、群落呼吸速率和净生产力均与淡水入流水量呈显著负相关（$P<0.01$），群落呼吸速率与潮高呈显著负相关（$P<0.05$）。

表 6-16　淡水入流水量、潮高与海河干流河口生产力指标 Pearson 相关性分析

项目	上层			下层		
	GPP	R_{24}	P_n	GPP	R_{24}	P_n
IV/(m³/d)	−0.471[1]	0.252	−0.304	−0.559[2]	−0.613[2]	−0.514[2]
TH/m	0.135	−0.139	0.153	−0.382	−0.449[1]	−0.216

[1] 表示 0.05 水平下显著相关。

[2] 表示 0.01 水平下显著相关。

6.4.3　淡水入流水量对 GPP、R_{24} 和 P_n 的影响

淡水入流水量对河口初级生产力和净生产力有重要影响（Azevedo 等，2014）。高流量常常伴随着大量无机营养物、溶解性有机碳化合物和悬浮沉积物的输入，这会对系统初级生产力和群落呼吸速率产生正面或负面影响（Staehr 等，2010b）。然而，极端流量会破坏表层沉积物的微细结构（如附着藻类）和不同营养级的食物网，致使水体呈现异养状态，且短时间较难恢复（Gerull 等，2012）。流量强度能控制浮游植物的生长，进而影响系统初级生产力（Azevedo 等，2008；Azevedo 等，2014）。Azevedo 等（2008）实测研究发现欧洲杜罗河口流量与初级生产力呈负相关。而 Azevedo 等（2014）模型研究表明，不管较高还是较低流量强度，杜罗河口浮游藻类生物量均降低，其原因为高流量时水力停留时间较短，光可利用性较低；低流量时上游营养物和浮游藻类生物量输入较少。而稳定的流量则能提高河口浮游藻类生物量和初级生产力。Shen 等（2015）对黄河河口研究后发现，短时高流量后河口初级生产力、群落呼吸速率及净生产力依然较高，其原因可能是大量无机营养物的带入促进了初级生产力的增加。可以看出，不同河口，流量大小对初级生产力、群落呼吸速率的影响不同。海河干流河口分层模拟结果表明，淡水入流水量与初级生产力、群落呼吸速率及净生产力呈明显负相关，这与 Azevedo 等（2008）的研究结果一致。6～7 月，淡水入流水量很低，水体透明度较高，加之温度较高，光合有效辐射增加，海河干流河口初级生产力达最高值（图 6-5 和图 6-6）。7～9 月，淡水入流水量较高，引起沉积物再悬浮，尽管温度较高，但水体浑浊度增加造成水下光强迅速衰减，从而降低河口初级生产力（张运林 等，2004）。另外，Azevedo 等（2010a）的研究也表明，淡水入流水量增加意味着河口盐度降低，盐度的降低会使菊科植物 *Borrichia frutescens* 的光合速率提高，即高盐度会降低此物种的光合速率（Heinsch 等，2004），从而影响系统净生产力。因此，淡水入流水量对初级生产力、群落呼吸速率及净生产力的影响需要进行全面研究分析。

6.4.4　潮汐作用对 GPP、R_{24} 和 P_n 的影响

潮汐作用是河口生态系统非常独特的水文学特征，它不仅影响河口的地下水位变化，还影响水的物理化学性质（Pennings 和 Callawa，1992），如

盐度、浑浊度等（MacCready 和 Geyer，2010），进而影响生态系统功能，如河口初级生产力和呼吸速率（Nidzieko 等，2014）。郭海强（2010）对长江河口净生产力研究后发现，系统净生产力的变化是由潮汐作用所引起的。在 1 月，系统净生产力在大潮、小潮之间差异较小，而且净生产力本身数值也较小，接近于零；在 4 月和 7 月，大潮的初级生产力高于小潮，而且两者之间的差异较大；10 月，大小潮期间的差异明显变小。潮高与系统净生产力呈负相关，但日均白天净生产力具有较大变异性，可能是由于水淹同时影响了光合作用和呼吸作用，使得潮高与净生产力之间并不仅仅呈现出简单的线性关系。一般来说，大潮期间的系统净生产力要高于相应小潮期间的净生产力（Syed 等，2006；Anrela 等，2007）。而河口净生产力大于零或小于零则取决于潮汐作用。当大潮转变为小潮时，生态系统呈现自养状态，$P_n >$ 0；当小潮转变为大潮时，生态系统呈现异养状态且达到最高值，$P_n < 0$（Nidzieko 等，2014）。此外，潮汐作用能降低系统呼吸速率，尤其是在生长季，然而，与其他不受潮汐作用影响的湿地相比，河口湿地可以通过潮汐作用向近海输送大量有机物质，同样，近海也可以向河口输送大量有机质（Turner 等，1979），有机质最终通过呼吸作用以 CO_2 形式返还给大气。

除了直接影响系统净生产力外，潮汐作用还通过环境因子间接作用于净生产力。本研究中海河干流河口潮高与下层水体群落呼吸速率呈负相关。在混合层上层，不管涨潮还是退潮，尽管水体扰动比较强烈，浮游藻类的光合速率和呼吸速率受到的影响较下层小，因而与潮高的相关性不显著。下层水体中，潮高越高，水体浑浊度越高，水下光衰减强烈，在深处浮游藻类的光合速率和呼吸速率受到的抑制作用越强，混合层下层光合作用明显小于上层（Heinsch 等，2004；Liess 等，2015；张运林等，2004）。但是目前并没有直接测定不同潮高时水柱中光合作用和呼吸速率的变化，因此此推断还需进一步通过实验验证。

6.5　河口生态风险管理

不同的生态系统有各自的地理物理化学特征，在开展河口湿地恢复前，需明确主要胁迫因子，评估各胁迫因子的生态风险性。河口生态系统位于河流生态系统与海洋生态系统的交汇处，通常位于河流的终段，在开展胁迫因子识别时，应从流域的角度出发，识别主要胁迫因子。另一方面，河口湿地往往处在社会经济较发达的区域，其在不同时期所受到的主要的人类活动干扰也处于不断的变化之中，因此应对河口生态系统开展持续性的研究，结合区域经济社会发展现状及时掌握河口生态系统最新变化，为河口湿地生态修复提供支撑。根据海河河口湿地退化现状，当前应从以下几个方面进行河口湿地生态系统管理。

6.5.1 减缓措施

（1）水污染控制

海河流域河口水环境的主要压力源是生境破坏和耗氧有机污染物。即便如此，开阔水域的生境也承受着更大的压力。要进行新的污染源治理和综合治理，促进河口生态系统功能恢复。为了避免对海洋珍稀物种的影响和破坏，必须合理安排垦区建设周期。同时要提高垦区建设的技术水平、设计施工的实力，减少重金属等污染的加重。企业应根据循环经济的方法设计产品的生命周期，管理和控制全过程的环境质量和生态风险，包括生产—销售—消费—处理—再生。

（2）水盐平衡下淡水高效利用

可以在传统的水循环模型中增加污水回用段，以有效利用水资源。另外，企业应该首先拥有高度回收利用的设备，以充分利用自身的淡水资源。其次，要保证污水处理厂和再生水厂混合排放的标准排放，保证湿地系统的处理效率。最后，施工区要设计全生态统一，淡水到达一个既有社会因素又有自然因素的完整开放的水循环系统。社会水循环应强调项目区的管理、企业和公众的节水意识以及节水工程设计。另一方面，自然水循环更应重视由人工湿地、景观湖和周边河流构成的整个水系，具有泄洪和蓄水的功能，提供湿地生境的多样性，同时收集和提供可持续的淡水。

（3）水环境与生态监测

河口生态服务价值受损，生物多样性下降，生态系统面临较大的风险压力。因此，要严格控制城市水污染物排放，推进低污染工业化，尤其是R2、R3工业污染减排。由于河口在某种程度上是一个大型化工开发区，应建立强有力的生态安全管理体系和相应的环境监测体系，这是区域可持续发展和生态环境保护的根本保证。应提供在线和应急监测设备，实时监测河口的生态环境，包括常规指标和非常规指标（如重金属、多环芳烃、多氯联苯和农药等）。

6.5.2　政策和安全管理系统

基于区域总压力状况和评估结果，城市化是最大的风险源。因此，应该考虑限制或优化城市化发展，特别是在天津地区。同时，河口生态区生态安全管理是政府职责的重要组成部分。各级政府要积极参与工业区的环境管理，树立风险意识，发挥生态系统管理和生态风险管理体系的核心作用。建议建立健全的与河口生态恢复、经济政策和管理体制有关的法律法规保障体系，包括风险基金和环境保险，加强监督和激励机制。建立河口开发过程中由政府、企业和社会组成的管理体系。它的功能不仅包括地方政府的一般环境管理工作，还包括各个生态区之间的协调。在这种情况下，由于生态环境保护、节能减排等方面的发展不平衡和规划不平衡，可以解决不同地区间的问题。

6.6　小结

本章提出了 PRFW 概念模型，并且明晰了食物网中生产者、消费者、有机碎屑与湿地 GPP、R_{24} 的关系。海河流域湿地初级生产者主要包括浮游植物、底栖藻类和大型水生植物群落；消费者主要包括浮游动物、底栖动物和鱼类群落；分解者以有机碎屑表示，包括内源有机碳、外源有机碳和细菌。构建了 APRFW 模型，辨析了海河流域河流、湖泊、河口水动力特征，食物网中各生物群落与初级生产力、群落呼吸速率关系，构建了水质、水量及食物网综合作用下的海河流域湿地 APRFW 模型。模型中湿地总初级生产力为藻类、大型水生植物的初级生产力之和。群落呼吸速率包括藻类、大型植物的呼吸速率及水生动物呼吸速率。

本研究应用 APRFW 模型模拟了春、夏、秋季海河干流河口 GPP、R_{24} 和 P_n，辨析了影响 GPP、R_{24} 和 P_n 的主要环境因子，探讨了淡水入流水量和潮高对 GPP、R_{24} 和 P_n 的影响。结果表明，在夏季，GPP、R_{24} 和 P_n 均达到最高值，且系统呈现自养状态；在春季，系统初级生产力远小于群落呼吸速率，系统为异养状态；在秋季，系统初级生产力仍小于群落呼吸速率，系统代谢呈异养状态，但 P_n 值高于春季。

敏感性分析表明，海河干流河口初级生产力和群落呼吸速率均对浮游绿藻最适宜温度最敏感，说明绿藻对海河干流河口初级生产力、群落呼吸速率贡献较大。逐步多元回归分析和通径分析进一步表明，光强、营养盐、淡水入流水量和溶解氧是影响海河干流河口 GPP、R_{24} 和 P_n 最主要的环境因子。环境因子对海河干流河口初级生产力直接影响作用的顺序为 Light＞TH＞T＞TN＞IV＞Copepod，而总氮对初级生产力的间接作用最大。环境因子对海河干流河口群落呼吸速率直接影响作用的顺序为 TP＞DO＞Rotifer＞TN＞BOD_5＞Salinity＞IV，而总氮对群落呼吸速率的间接作用最大。环境因子对海河干流河口净生产力直接影响作用的顺序为 TP＞T＞DO＞Trans＞Light＝BOD_5＞TN，而 Trans 对系统净生产力的间接作用最大。光强和淡水入流水量对海河干流河口初级生产力和群落呼吸速率的直接作用比较突出。6～7 月，淡水入流水量很低，海河干流河口初级生产力达最高值。7～9 月，淡水入流水量较高，海河干流河口初级生产力达最低值。潮高与混合层下层水体群落呼吸速率呈负相关。潮高较高时，下层水体因扰动强烈，光合速率和呼吸速率受到抑制。海河干流河口因水作用机制复杂，除了温度、光照等季节性因素、淡水入流水量和潮高水动力因素，可能还有其他环境因素没有考虑到，需要在以后进一步深入研究。

最后，基于生态风险变化模式，提出了流域综合生态风险诊断与管理思路和建议。

第 7 章

结论与展望

7.1 结论

7.1.1 海河流域生态安全阈值

海河流域不同生态单元单一污染物及区域污染物风险存在差异,其中,海河干流河口各小区的相对风险均高于流域各个风险小区的风险。

(1)河流、湖泊和河口沉积物中 7 种重金属 As、Hg、Cr、Cd、Pb、Cu 和 Zn 的分布特征及潜在生态风险。通过 E_r^i 值分析,Hg 和 Cd 表现出极高的生态风险,7 种重金属风险由高到低依次为:Cd>Hg>As>Cr>Pb>Cu>Zn。基于 RI 值,滦河和白洋淀处于中等风险水平,而河口所有点位均处于高风险水平,表明河口区域单一污染物风险已达高风险水平。

(2)根据研究区特点、单一污染物风险与区域风险评价结果,以及结合区域水生态系统健康和风险状况,提出海河流域、滦河流域和海河干流河口的生态风险安全阈值及其对应的水生态系统健康状态;对海河流域河口区域风险、滦河流域和海河流域总体风险进行了对比分析。结果表明,海河干流河口各小区的相对风险均高于滦河流域各个风险小区的风险。最后,基于生态风险变化模式,提出了流域综合生态风险诊断与管理思路和建议。

7.1.2 海河流域河口湿地问题诊断

海河流域河口不同污染物的分析表明,其污染水平存在着时空差异,受到石油污染严重。

(1)各河口沉积物主要由粉砂和粒砂组成,水体与沉积物均呈碱性。水体中主要超标营养元素为氮,且已经受到石油类的严重污染;沉积物中的主要超标营养元素则是磷,并未受到石油类的严重污染。对营养物质污染的评价结果认为海河口在各季节均处于高污染水平,滦河河口与漳卫新河河口仅在春季处于低污染水平。空间分布上人为干扰较小的河口(滦河河口与漳卫新河河口)在 8 月份出现自下而上污染程度加重的趋势。时间分布上人为干扰较小的河口其污染程度表现为春季<夏季<秋季,受人为干扰和上游河流影响较大的采样点表现为春季<秋季<夏季。

(2)总体上水体并未受到重金属的严重污染,污染综合评价结果显示 8

月和 11 月各采样点均处于重金属低污染水平，5 月为中等污染水平，但是水体在春季受 Pb 污染严重，夏季受 Zn 污染严重。沉积物受重金属污染比水体严重，大部分采样点处于中等污染水平，海河干流河口部分采样点处于重度污染水平。从污染元素来看，各采样点普遍受到 Mn 的严重污染，漳卫新河河口还受到 As 的中度污染，8 月份海河干流河口则同时受到多种重金属的中度污染。从空间分布来看，各种重金属均在各河口最下的采样点浓度最低，并且大部分重金属在滦河河口均表现为自而上浓度升高的趋势。时间分布来看，受人为干扰较小的河口沉积物重金属污染程度在 8 月份显著高于 5 月份，人为干扰严重的河口则无显著差异。

（3）各采样点水体中多环芳烃处于高等或中等污染水平，有一定的生态风险。其组成以低环多环芳烃为主，受石油污染严重。受渤海湾石油泄漏的影响，8 月份滦河河口与漳卫新河河口多环芳烃浓度呈现自下而上浓度降低的趋势，且 5 月份的浓度显著低于 8 月和 11 月，海河干流河口则无此规律。沉积物并未受到多环芳烃的严重污染，其组成以中、低环多环芳烃为主，滦河河口和漳卫新河河口大部分采样点均处于低污染水平，海河干流河口为重度污染水平。从空间分布来看，漳卫新河河口总多环芳烃浓度高于滦河河口，且在人为干扰较少的河口出现下游采样点浓度低、上游采样点浓度较高的趋势。时间分布上各季节间无显著性差异。

7.1.3 海河流域典型河口微生物适应性

河口生态系统中微生物各指标的分布在时间和空间上均存在显著性差异。生物膜群落各指标受基质类型影响严重，当剔除这一环境因子时，生物膜群落可以很好地反映环境污染情况的变化。

（1）海河干流河口采样区域内至少有 90 种不同的细菌。滦河河口的浮游细菌群落共检测出 216 种不同的细菌，表层沉积物细菌群落共检测出 226 种不同的细菌。Cl^- 与盐度两个环境因子对滦河河口的浮游细菌组成与分布影响最高，影响最低的是 pH 和 NO_3^-。在海河干流河口，Cl^- 与 DO 两个环境因子对浮游细菌组成与分布影响最大，影响最低的是盐度和 NO_3^-。Cl^- 与 DO 两个环境因子对两个河口的浮游细菌组成与分布影响都较高，NO_3^- 对两个河口的浮游细菌组成与分布影响均最低。

（2）总体来看，海河河口生物膜具有较高的生物量，各种胞外酶活性较高；滦河河口与漳卫新河河口最下游其生物膜的生物量相对较低，且 Chlc/a

较高；漳卫新河河口中上游采样点则具有较高的藻类生物量，且 Chlb/a 较高。从时间变化来看，EPS 在春季、夏季均较高；BETA 和 PHOS 在春季较高，LEU 在夏季较高；各种叶绿素均在夏季浓度较高，但是 Chlc/a 是在秋季最高，Chlb/a 是在夏季最高。

（3）通过冗余分析，筛选出的 14 个环境变量可以解释生物膜群落变化的 74.7%，其中基质类型、水体盐度对生物膜群落影响较大，聚类分析和各环境污染指数说明生物膜群落可以很好地表征水体和沉积物中的复合污染。基于生物膜的生物多样性完整性指数表明，滦河河口完整性最好，其次是漳卫新河河口，海河河口最差；时间变化上，滦河河口和漳卫新河河口最下端是春季好于夏季和秋季，海河河口与漳卫新河河口中上端采样点则是秋季好于春季和夏季。

7.1.4 海河流域河口湿地净生产力时空变化及环境影响机制

提出了 PRFW 概念模型，明晰了食物网中生产者、消费者、有机碎屑与湿地 GPP、R_{24} 的关系。构建了 APRFW 模型辨析了海河流域河口水动力特征，食物网中各生物群落与初级生产力、群落呼吸速率关系，构建了水质、水量及食物网综合作用下的海河流域湿地 APRFW 模型。

（1）海河流域河口湿地初级生产者主要包括浮游植物、底栖藻类和大型水生植物群落；消费者主要包括浮游动物、底栖动物和鱼类群落；分解者以有机碎屑表示，包括内源有机碳、外源有机碳和细菌。

（2）APRFW 模型验证后模拟的海河流域河口（海河干流河口）GPP、R_{24} 和 P_n 季节变化显著。GPP、R_{24} 和 P_n 均在夏季达到最高值，且系统呈自养状态。春季和秋季，GPP $<$ R_{24}，系统为异养状态。敏感性分析显示，绿藻对海河干流河口 GPP、R_{24} 贡献较大。逐步多元回归分析和通径分析表明，光强、营养盐、淡水入流水量和溶解氧是影响海河干流河口 GPP、R_{24} 和 P_n 最主要的环境因子。水动力特性如淡水入流水量、潮高对海河干流河口 GPP 和 R_{24} 有重要影响。

（3）海河流域典型湿地 GPP、R_{24}、P_n 与其环境影响机制差异显著。Pearson 相关性分析表明，海河干流河口 GPP、R_{24} 与水量及 WQI 无显著相关。海河干流河口 GPP 与水体流速重要相关，但非线性相关。总之，水动力对海河干流河口 GPP、R_{24}、P_n 影响显著。

7.2　展望

河口生态系统位于河流生态系统与海洋生态系统的交汇处，受海陆交互作用影响强烈，生态环境较为敏感脆弱，是流域最后的生态安全屏障，对于流域健康和水环境安全具有重要地位和指示作用。而海河流域是我国的政治、经济和文化中心，高强度人为干扰下水环境风险加剧，决定了河口水环境和水生态的复杂性和特殊性，目前海河流域河口生态系统已受到营养物质、重金属和持久性有机物质的污染。在人类活动的持续影响下，河口生态系统面临不断增长的风险与挑战。而本书以具有强人为干扰和复合环境污染为主要特征的海河流域河口为研究案例，依据不同响应指标，建立水生态风险评价模型，构建水质-水量-食物网综合作用下湿地 AQUATOX-PRFW 模型（APRFW 模型），进行水生态风险诊断、评价和不确定性分析，揭示河口水生态风险响应机制，探讨海河流域不同湿地净生产力时空变化规律及环境影响机制。

然而由于不同时空尺度下河口水环境演化与风险评价缺乏全面系统的水质-水量-水生态监测数据，同时受资料时间限制，今后还需解决以下科学问题：

（1）对于水质-水量-水生态评价模型，本研究初级生产者主要考虑浮游藻类、底栖藻类、大型水生植物，没有考虑自养细菌对初级生产力的贡献；群落呼吸速率主要考虑生产者和消费者的呼吸作用，没有考虑异养细菌的呼吸作用。同时，加强新型污染物对初级生产力、群落呼吸速率和净生产力影响的研究。

（2）未来研究应开展跨学科的生态环境和社会经济等多要素的综合分析。生态风险评价应考虑多种流域类型和胁迫因子，包括物理、化学和生物因子，并考虑三者间的相互作用，但需要更为复杂和准确的计算方法，现有研究难以透彻解析水生态系统的内在风险行为。

（3）河口生态风险管理应加强微观和宏观相结合的生态环境大数据库的建设和深度分析，急需开发兼顾环境科学、生态学、海洋科学、水力学、社会学和管理学的风险评估系统，全面提升河口生态系统管理水平。

参考文献

Aerts R, Ludwig F. Water-table changes and nutritional status affect trace gas emissions from laboratory columns of peatland soils. Soil Biol Biochem, 1997,29: 1691-1698.

Arnon S, et al. Influence of Flow Conditions and System Geometry on Nitrate Use by Benthic Biofilms: Implications for Nutrient Mitigation. Environ Sci Tech, 2007,41（23）: 8142-8148.

Azevedo I C, Duarte P M, Bordalo A A. Pelagic metabolism of the Douroestuary（Portugal）- factors controlling primary production. Estuar Coast Shelf S, 2006, 69: 133-146.

Azevedo I C, Duarte P M, Bordalo A A. Understanding spatial and tem-poral dynamics of key environmental characteristics in a mesotidal Atlanticestuary（Douro, NW Portugal）. Estuar Coast Shelf S, 2008, 76: 620-633.

Azevedo I C, Bordalo A A, Duarte P M. Influence of river discharge patterns on the hydrody-namics and potential contaminant dispersion in the Douroestuary（Portugal）. Water Res, 2010a, 44: 3133-3146.

Azevedo I C, Bordalo A A, Duarte P M. Influence of freshwater inflow variability on the Douro estuaryprimary productivity: A modelling study. Ecol Model, 2014, 272: 1-15.

Bai J H, Cui B S, Chen B, et al. Spatial distribution and ecological risk assessment of heavy metals in surface sediments from a typical plateau lake wetland, China [J]. Ecol Model, 2011, 222（2）: 301-306.

Bartell S M, Gardner R H, O'Neill R V. Ecological Risk Estimation. Lewis Publishers, Boca Raton, Florida, 1992.

Belmar O, Brunoa D, Martínez-Capelb F, et al. Effects of flow regime alteration on fluvial habi-tats and riparian quality in a semiarid Mediterranean basin. Ecol Indic, 2013, 30: 52-64.

Blanco S, Becares E. Are biotic indices sensitive to river toxicants? A comparison of metrics based on diatoms and maro-invertebrates [J]. Chemosphere, 2010, 79: 18-25.

Bringmann G, Kühm R. Comparison of the toxicity thresholds of water pollutants to bacteria, algae, and protozoa in the cell multiplication inhibition test [J]. Water Research, 1980, 14（3）: 231-241.

Bruno D, Oscar Belmar, Sánchez-Fernández D, et al. Responses of Mediterranean aquatic and ri-parian communities to human pressures at different spatial scales. Ecol Indic, 2014, 45: 456-464.

Cabecadas L. Phytoplankton production in the Tagus estuary（Portugal）. Oceanol Acta, 1999, 22（2）: 205-214.

Caffrey J M. Production, Respiration and Net Ecosystem Metabolism in US Estuaries. Environ Monit Assess, 2003, 81（1）: 207-219.

Caffrey J M, Cloern J E, Grenz C. Changes in production and respiration during a spring phytoplankton bloom in San Francisco Bay, California, USA: Implications for net ecosystem metabolism. Mar Ecol Prog Ser, 1998, 172: 1-12.

Caffrey J M, Murrell M C, Amacker K S, et al. Seasonal and inter-annual patterns in primary production, respiration and net ecosystem metabolism in three estuaries in the northeast gulf of Mexico. Estuar Coast, 2014, 37（1）: 222-241.

Carlos Sanz Lázaro, Francisco Navarrete Mier, Arnaldo Marin. Biofilm respionses to marine fish wastes [J]. Environmental Pollution, 2011, 159: 825-832.

Delia E Bauer, Nora Gómez, Paula R Hualde. Biofilms coating Schoenophlectus californicus as indicators of water quality in the Rio de la Plata Estuary（Argentina）[J]. Enriron Monit Assess, 2007, 133: 309-320.

Edward B Barbier, Sally D Hacker, Chris Kennedy, et al. The value of estuarine and coastal ecosystem services[J]. Ecological Society of America, 2011, 81（2）: 169-193.

Emma K Wear, et al. Spatiotemporal Variability in Dissolved Organic Matter Composition is More Strongly Related to Bacterioplankton Community Composition than to Metabolic Capability in a Blackwater Estuarine System[J]. Estuaries and Coasts, 2014, 37（1）.

Fellows C S, Clapcott J E, Udy J W, et al. Benthic Metabolism as an Indicator of Stream Ecosystem Health. Hydrobiologia, 2006, 572（1）: 71-87.

Elosegi A, Sabater S. Effects of hydromorphological impacts on river ecosystem functioning: a review and suggestions for assessing ecological impacts. Hydrobiologia, 2013, 712: 129-143.

Faggiano L, Zwart D, García-Berthou E, et al. Patterning ecological risk of pesticide contamination at the river basin scale [J]. Sci Total Environ, 2010, 408: 2319-2326.

Feio M, Alves T, Boavida M, et al. Functional indicators of stream health: a river-basin approach. Freshwater Biol, 2010, 55（5）: 1050-1065.

Fitch K, Christine K. Solar radiation and photosynthetically active radiation. Fundamentals of Environmental Measurements. Fondriest Environ, 2014.

Gaudette H E, Flight W R, Toner L, Folger D W. Titration method for the determination of organic carbon in marine sediments. J Sed Petrol, 1974, 44: 249-253.

Gao B, Xu L L, Zhou H D, et al. Distribution Characteristics of metal element in snowfall in the center of Beijing city [J]. Environment Chemistry, 2011, 30（2）: 561-562.

Gerull L, Frossard A, Mark O G, Mutz M. Effects of shallow and deep sediment disturbance on whole-stream metabolism in experimental sand-bed flumes. Hydrobiologia, 2012, 683（1）: 297-310.

Giberto D A, Bremec C S, Acha E M, et al. Large-scale spatial patterns of benthic assemblages in the SW Atlantic: the Rio de la Plata estuary and adjacent shelf water [J]. Estuarine, Coastal and Shelf Science, 2004, 61: 1-13.

Gómez N, Licursi M, Cochero J. Seasonal and spatial distribution of the microbenthic communities of the Rio de la Plata estuary（Argentina）and possible environmental controls [J]. Marine Pollution Bulletin, 2009, 58: 878-887.

Gómez N, Licursi M, Bauer D E, et al. Assessment of Biotic Integrity of the Coastal Freshwater Tidal Zone of a Temperate Estuary of South America through Multiple Indicators[J]. Estuaries and Coasts, 2012 (35): 1328-1339.

Hagerthey S E, Cole J J, Kilbane D. Aquatic metabolism in the everglades: dominance of water column heterotrophy. Limnol Oceanogr, 2010, 55 (2): 653-666.

Halpern B S, Selkoe K A, Micheli F, Kappel C V. Evaluating and ranking the vulnerability of global marine ecosystems to anthropogenic threats [J]. Conservation Biology, 2007, 21: 1301-1315.

Halpern B S, Walbridge S, Selkoe K A, et al. A Global Map of Human Impact on Marine Ecosystems. Science, 2008, 319 (5865): 948-952.

Harris J A, Hobbs R J. Clinical practice for ecosystem health: the role of ecological restoration [J]. Ecosystem Health, 2001, 7 (4): 195-206.

Heinsch F A, Heilman J L, Melnnes K J, et al. Carbon dioxide exchange in a high marsh on the Texas Gulf Coast: Effects of Freshwater availability. Agr Forest Meteorol, 2004, 125: 159-172.

Hela Louati, Olfa Ben Said, Amel Soltani, et al. The roles of biological interactions and pollutant contamination in shaping microbial benthic community structure [J]. Chemosphere, 2013, 93 (10): 2535-2546.

Helena Guasch, Wim Admiraal, Sergi Sabater. Contrasting effects of organic and inorganic toxicants on freshwater periphyton [J]. Aquatic Toxicology, 2003, 64: 165-175.

Henriksen H J, Troldborg L, Nyegaard P, et al. Methodology for construction, calibration and validation of a nationalhydrological model for Denmark. J Hydrol, 2003, 280: 52-71.

Hitchcock G L, Kirkpatrick G, Minnett P, Palubok V. Net community production and dark community respiration in a Karenia brevis (Davis) bloom in West Florida coastal waters, USA. Harmful Algae, 2010, 9 (4): 351-358.

Isabella C A C Bordon, Jorge E S Sarkis, Gustavo M Gobbato, et al. Metal concentration in sediments from the Santos estuarine system: a recent assessment [J]. Journal of the Brazilian Chemical Society, 2011, 22 (10): 1858-1865.

Ivorra Núria, Hettelaar Jenny, Michiel H S Kraak, et al. Responses of biofilms to combined nutrient and metal exposure [J]. Environmental Toxicology and Chemistry, 2002, 21 (3): 626-632.

Jan Zrimec, Rok Kopinč, Tomaž Rijavec, et al. Band smearing of PCR amplified bacterial 16S rRNA genes: Dependence on initial PCR target diversity[J]. Journal of Microbiological Methods, 2013, 95 (2): 186-194.

Jansson M, Olsson H, Pettersson K. Phosphatases: origin, characteristics and function in lakes. Hydrobiologia, 1988, 170 (1): 157-175.

Ju Yong Kim, Byung Tae Lee, Kyung Hee Shin, et al. Ecological health assessment and remediation of the stream impaceted by acid mine drainage of the Gwangyang Mine area [J]. Environ Monit Assess, 2007, 129: 79-85.

Karla Pozo, Guido Perra, Valentina Menchi, et al. Levels and spatial distribution of polycyclic aromatic hydrocarbons (PAHs) in sediments from Lenga Estuary, central Chile [J]. Marine Pollution Bulletin, 2011, 62: 1572-1576.

Krauskopf K B. Factors controlling the concentrations of thirteen rare metals in seawater [J]. Ceochim Consmochim Acta, 1956, 9: 1-32.

Lawrence J R, Chenier M R, Roy R, et al. Microscale and Molecular Assessment of Impacts of nickel, nutrients, and oxygen level on structure and function of River biofilm communities [J]. Applied and Environmental Microbiology, 2004, 70 (7): 4326-4399.

Legates D R, McCabe G J. Evaluating the use of "goodness-of-fit" measures inhydrologic and hydroclimatic model validation. Water Resour Res, 1999, 35: 233-24186.

Liess A, Faithfull C, Reichstein B, et al. Terrestrial runoff may reduce microbenthic net community productivity by increasing turbidity: a Mediterranean coastal lagoon mesocosm experiment. Hydrobiologia, 2015, 753 (1): 205-218.

Liu J L, Chen Q Y, Li Y L, Yang Z F. Fuzzy synthetic model for risk assessment on Haihe River Basin. Ecotoxicology, 2011, 20: 1131-1140.

Liu J L, Chen Q Y, Li Y L. Ecological risk assessment of water environment for Luanhe River Basin based on relative risk model [J]. Ecotoxicology, 2010, 19: 4000-4015.

Liu J L, Li Y L, Zhang B, et al. Ecological risk of heavy metals in sediments of the Luan River source water [J]. Ecotoxicology, 2009, 18: 748-758.

Liu S M. Response of nutrient transports to watersediment regulation events in the Huanghe basin and its impact on the biogeochemistry of the Bohai. J Mar Syst, 2015, 141: 59-70.

Liu J L, Ma M Y, Zhang F L, et al. The ecohealth assessment and ecological restoration division of urban water system in Beijing. Ecotoxicology, 2009, 18: 759-767.

Long E R, Maedonald D D, Smith S L, et al. Incidence of adverse biological effects within ranges of chemical concentrations in marine and estuarine sediments [J]. Environmental Management, 1995, 19: 18-97.

Ma M Y, Liu J L, Wang X M. Biofilms as potential indicators of macrophyte-dominated lake health. Ecotoxicology, 2011, 20: 982-992.

MacCready P, Geyer W R. Advances in estuarine physics. Annu Rev Mar Sci, 2010, 2 (1): 35-58.

Marshall K C. Biofilms: an overview of bacterial adhesion, activity, and control of surfaces. Control of biofilm formation awaits the development of a method to prevent bacterial adhesion. ASM American Society for Microbiology News, 1992, 58 (4): 202-207.

Núria Ivorra, Jenny Hettelaar, Michiel H S Kraak, et al. Responses of biofilms to combined nutrient and metal exposure [J]. Environmental Toxicology and Chemistry, 2002, 21 (3): 626-632.

Nidzieko N J, Needoba J A, Monismith S G, et al. Fortnightly Tidal Modulations Affect Net Community Production in a Mesotidal Estuary. Estuar Coast, 2014, 37 (1): S91-S110.

Nobi E P, Dilipan E, Thangaradjou T, et al. Geochemical and geo-statistical assessment of heavy metal concentration in the sedi ments of different coastal ecosystems of Andaman Islands, India [J]. Estuarine, Coastal and Shelf Science, 2010, 87: 253-264.

Odum H T. Primary production in flowing waters. Limnol Oceanogr, 1956, 1: 102-117.

Odum E P. Halophytes, Energetics and Ecosystems. Ecol Halophytes, 1974: 599-602.

Ogdahl M E, Lougheed V L, Stevenson R J, et al. Influences of Multi-Scale Habitat on Metabolism in a Coastal Great Lakes Watershed. Ecosystems, 2010, 13 (2) : 222-238.

Pennings S C, Callaway R M. Salt marsh plant zonation: The relative importance of competition and physical factors. Ecology, 1992, 73: 681-690.

Pratt J R, Cairns J. Ecotoxicology and the redundancy problem: under standing effects on community structure and function. Ecotoxicology: a Hierarchical Treatment, 1996: 370-397.

Ram A S P, Nair S, Chandramohan D. Seasonal shift in net ecosystem production in a tropical estuary. Limnol Oceanogr, 2003, 48: 1601-1607.

Ramus J, Eby L, McClellan C, Crowder L. Phytoplankton forcing by arecord freshwater discharge event into a large lagoonal estuary. Estuaries, 2003, 26: 1344-1352.

Reed E Heather. Microbial composition affects the functioning of estuarine sediments[J]. International Society for Microbial Ecology, 2012: 868-879.

Rodríguez P, Vera M S, Pizarro H, et al. Primary production of phytoplankton and periphyton in two humic lakes of a South American wetland. Limnology, 2012, 13: 281-287.

Ryan Penton C, Susan Newman. Enzyme activity responses to Nutrient loading in subtropical wetlands [J]. Biogeochemistry, 2007, 84: 83-98.

Sarma V V, Gupta S N M, Babu P V R, et al. Influence of river discharge on plankton metabolic rates in the tropical monsoon driven Godavari estuary, India. Estuar Coast Shelf S, 2009, 85 (4) : 515-524.

Shen X M, Sun T, Liu F F, et al. Aquatic metabolism response to the hydrologic alteration in the Yellow River estuary, China. J Hydrol, 2015, 525: 42-54.

Sierra M V, Gomez N. Structural characteristics and oxygen consumption of the epopelic bilfilm in three lowland streams exposed to different land use [J]. Water, Air and Soil Pollution, 2007, 186 (1) : 115-127.

Son S H, Wang M H, Harding L W. Satellite-measured net primary production in the Chesapeake Bay. Remote Sens Environ, 2014, 14: 109-119.

Spaenhoff B, Bischof R, Bhme A, et al. Assessing the impact of effluents from a modern wastewater treatment plant on breakdown of coarse particulate organic matter and benthic macroinvertebrates in lowland river [J]. Water, Air, and Soil Pollution, 2007, 180: 119-129.

Staehr P A, Testa J A, Michael Kemp W, et al. The metabolism of aquatic ecosystems: history, applications, and future challenges. Aquat Sci, 2012, 74: 15-29.

Su L Y, Liu J L, Per Christensen. Spatial distribution and ecological risk assessment of metals in sediments of Baiyangdian wetland ecosystem. Ecotoxicology, 2011, 20: 1107-1116.

Syed K H, Flanagan L B, Carlson P J, et al. Environmental Control of net ecosystem CO_2 exchange in a treed, moderately rich fen in northern Alberta. Agr Forest Meteorol, 2006, 140:

97-114.

Tang S, Sun T, Shen X M, et al. Modeling Net Ecosystem Metabolism Influenced by Artificial Hydrological Regulation: An Application to the Yellow River Estuary, China. Ecol Eng, 2015, 76: 84-94.

Tlili A, et al. Responses of chronically contaminated biofilms to short pulses of diuron: An experimental study simulating flooding events in a small river. Aquat toxicol, 2008, 87（4）: 252-263.

Turner R E, Woo S W, Jitts H R. Estuarine influences on a continental-shelf Plankton community. Science, 1979, 206: 218-220.

U. S. Environmental Protection Agency. Guiding Principles for Monte Carlo Analysis. Risk Assessment Forum. Washington, DC: U. S. Environmental Protection Agency, 1997.

Willmott C J, Ackleson S G, Davis R E, et al. Statistics for the evaluation and comparison of-models. J Geophys Res-Oceans, 1985, 90: 8995-9005.

Wolfstein K, Stal L J. Production of extracellular polymeric substances （EPS）by benthic diatoms: effect of irradiance and temperature [J]. Marine Ecology Progress Series, 2002, 236: 13-22.

Xu L L, Gao B, Lu J, et al. Pollution characteristics of platinum group elements in the center of Beijing urban road dust [J]. Environment Science, 2011, 32（3）: 736-740.

Yan J X, Liu J L, Ma M Y. In situ variations and relationships of water quality index with periphyton function and diversity metrics in Baiyangdian Lake of China. Ecotoxicology, 2014, 23: 495-505.

Young R G, Collier K J. Contrasting responses to catchment modification among a range of functional and structural indicators of river ecosystem health. Freshw Biol, 2009, 54（10）: 2155-2170.

Zhang L L, Liu J L, Li Y, Zhao Y W. Applying AQUATOX in determining the ecological risk assessment of polychlorinated biphenyl contamination in Baiyangdian Lake, North China. Ecol Model, 2013, 265: 239-249.

Zaiha A N, Mohd Ismid M S, Salmiati, et al. Effects of logging activities on ecological water quality indicators in the Berasau River, Johor, Malaysia. Environ Monit Assess, 2015, 187: 493-502.

Zhang L L, Liu J L. AQUATOX coupled foodweb model for ecosystem risk assessment of Poly-brominated diphenyl ethers （PBDEs）in lake ecosystems. Environ Pollut, 2014, 191: 80-92.

蔡琳琳, 朱广伟, 李向阳. 太湖湖岸带浮游植物初级生产力特征及影响因素 [J]. 生态学报, 2013, 33（22）: 7250-7258.

陈吉余, 陈沈良. 河口海岸环境变异和资源可持续利用 [J]. 海洋地质与第四纪地质, 2002, 22（2）: 1-7.

陈吉余, 陈沈良. 中国河口海岸面临的挑战 [J]. 海洋地质动态, 2002, 18（1）: 1-5.

陈彧, 钱新, 张玉超. 生态动力学模型在太湖水质模拟中的应用 [J]. 环境保护科学, 2010, 36（4）: 6-9.

陈伟明，黄翔飞，周万平，等. 湖泊生态系统观测方法［M］. 北京：中国环境科学出版社，2005：17-37.

曹艳霞，张杰，蔡德所，等. 应用底栖无脊椎动物完整性指数评价漓江水系健康状况［J］. 水资源保护，2010，26（3）：13-17.

曹治国，刘静玲，栾芸，等. 滦河流域多环芳烃的污染特征、风险评价与来源辨析［J］. 环境科学学报，2010，30（2）：246-253.

曹治国，刘静玲，王雪梅，等. 漳卫新运河地表水中溶解态多环芳烃的污染特征、风险评价与源辨析［J］. 环境科学学报，2010，30（2）：254-260.

董萍，孙寓姣，等. 利用 T-RFLP 技术对温榆河微生物群落结构研究［J］. 中国环境科学，2011，31（4）：631-636.

董旭辉，羊向东，刘恩峰，等. 冗余分析（RDA）在简化湖泊沉积指标体系中的应用——以太白湖为例［J］. 地理研究，2007，26（3）：467-484.

高艳妮，于贵瑞，张黎，等. 中国陆地生态系统净初级生产力变化特征——基于过程模型和遥感模型的评估结果［J］. 地理科学进展，2012，31（1）：109-117.

国家海洋信息中心. 2014 年中国海洋环境状况公报[Z]. 2015-03-16.

郭海强. 长江河口湿地碳通量的地面监测及遥感模拟研究［D］. 复旦大学博士学位论文，2010.

郭玉洁，钱树本. 中国海藻志［M］. 北京：科学出版社，2003.

关晓燕，等. 辽东湾大凌河口湿地土壤微生物群落分析[J]. 生态环境学报，2012：1063-1070.

阚金军，孙军. 河口细菌群落多样性及其控制因素：切萨皮克湾为例[J]. 生物多样性，2011：770-778.

何勇，董文杰，季劲均，等. 基于 AVIM 的中国陆地生态系统净初级生产力模拟［J］. 地球科学进展，2005，20（3）：345-349.

黄小平，黄良民. 河口最大混浊带浮游植物生态动力过程研究进展［J］. 生态学报，2002，22（9）：1527-1533.

黄廷林，丛海兵，何文杰. 水生藻类叶绿素测定方法［P］. 中国专利：CN2004100735428，2005.

雷坤，孟伟，郑丙辉，等. 渤海湾西岸径流量和输沙量的变化及其环境效应. 环境科学学报，2007，27（12）：2052-2059.

李玉山，肖向红. 海河干流河口水流与泥沙运动特性的初步分析. 海河水利，1985，4：47-55.

林秀梅，刘文新，陈江麟，等. 渤海表层沉积物种多环芳烃的分布于生态风险评价[J]. 环境科学学报，2005，25（1）：70-75.

马安娜，陆健健. 长江口崇西湿地生态系统的二氧化碳交换及潮汐影响［J］. 环境科学研究，2011，24（7）：716-721.

马牧源，刘静玲，杨志峰. 生物膜法应用于海河流域湿地生态系统健康评价展望［J］. 环境科学学报，2010，30（2）：226-236.

蒋万祥，赖子尼，庞世勋，等. 珠江口叶绿素 a 时空分布及初级生产力［J］. 生态与农村环境学报，2010，26（2）：132-136.

金德祥，程兆第，林钧民，等. 中国海洋底栖硅藻类（上卷）［M］. 北京：海洋出版社，1982.

金德祥，程兆第，刘师成，等. 中因海洋底栖硅藻类（下）［M］. 北京：海洋出版社，1991.

凌洁，王昊，等. 磁珠法半自动提取全血基因组 DNA 条件的优化[J]. 浙江大学学报（医学版），

2012, 41（3）：320-326.

刘材材，等. 长江口异养细菌生态分布特征及其与环境因子的关系[J]. 海洋环境科学, 2009: z1-z4.

刘丰. 海河流域典型河口复合污染特征及天然生物膜的响应[D]. 北京：北京师范大学环境学院，2012, 58-59.

刘静玲，杨志峰，肖芳，孙涛. 河流生态基流量整合计算模型[J]. 环境科学学报, 2005（04）：436-441.

罗先香，张蕊，杨建强，等. 莱州湾表层沉积物重金属分布特征及污染评价[J]. 生态环境学报, 2010, 19（2）：262-269.

孟伟，刘征涛，范薇. 渤海主要河口污染特征研究[J]. 环境科学研究, 2004, 17（6）：66-69.

时玉涛，温海燕，乔光建. 人类活动对滦河口湿地生态环境影响分析[J]. 南水北调与水利科技, 2011, 9（3）：124-128.

孙涛，沈小梅，刘方方，等. 黄河口径流变化对生态系统净生产力的影响研究[J]. 环境科学学报, 2011, 31（6）：1311-1319.

孙涛，杨志峰. 河口生态环境需水量计算方法研究[J]. 环境科学学报, 2005, 25（5）：573-579.

孙培艳. 渤海富营养化变化特征及生态效应分析[D]. 青岛：中国海洋大学, 2007.

宋星宇，黄良民，石彦荣. 河口、海湾生态系统初级生产力研究进展[J]. 生态科学, 2004, 23（3）：265-269.

王雪梅，刘静玲，马牧源，等. 流域水生态风险评价及管理对策[J]. 环境科学学报, 2010, 30（2）：237-245.

王兆印，程东升，刘成. 人类活动对典型三角洲演变的影响——Ⅱ黄河和海河三角洲[J]. 泥沙研究, 2006, 1：76-81.

吴德星，牟林，李强，等. 渤海盐度长期变化特征及可能的主导因素[J]. 自然科学进展, 2004, 14（2）：191-194.

吴晓蕾. 渤海深陷绝境[J]. 资源与人居环境, 2011, 11：58-60.

徐争启，倪师军，庹先国，等. 潜在生态危害指数法评价中重金属毒性系数计算[J]. 环境科学与技术, 2008, 31（2）：112-115.

杨灿灿，吴光红，陈水蓉，等. 近25年来天津市海河干流水质的演变特征[J]. 人民黄河, 2013, 35（8）：49-52.

杨永强. 珠江口及近海沉积物中重金属元素的分布、赋存形态及其潜在生态风险评价[D]. 广州：地球化学研究所, 2007.

杨志峰，崔保山，黄国和，白军红，孙涛，李晓文，刘新会. 黄淮海地区湿地水生态过程、水环境效应及生态安全调控[J]. 地球科学进展, 2006（11）：1119-1126.

尹海权，等. 分离DNA的琼脂糖凝胶电泳技术[J]. 化学教育, 2012, 12: 1-12.

岳维忠，黄小平，孙翠慈. 珠江口表层沉积物中氮、磷的形态分布特征及污染评价[J]. 海洋与湖沼, 2007, 38（2）：111-117.

战玉柱，姜霞，陈春霄，等. 太湖西南部沉积物重金属的空间分布特征和污染评价[J]. 环境科学研究, 2011, 24（4）：363-370.

张惠. 双荧光T-RFLP方法的建立及应用[D]. 大连：大连海事大学, 2012.

张雷，秦延文，郑丙辉，等. 环渤海典型海域潮间带沉积物中重金属分布特征及污染评价[J]. 环境科学学报，2011，31（8）：1676-1684.

张龙军，夏斌，桂祖胜，等．2005年夏季环渤海16条主要河流的污染状况 [J]. 环境科学，2007，28（11）：2409-2415.

张萍，白明，王娟娟，等．海河干流浮游动物群落结构的初步研究 [J]．渔业现代化，2011，4：12-16.

张婷，刘静玲，王雪梅．白洋淀水质时空变化及影响因子评价与分析 [J]．环境科学学报，2010，30（2）：261-267.

张运林，秦伯强，陈伟民，等．太湖梅梁湾浮游植物叶绿素 a 和初级生产力 [J]．应用生态学报，2004，15（11）：2127-2131.

赵大勇，孙一萌，等．太湖梅梁湾不同深度沉积物中细菌群落结构组成[J]．河海大学学报（自然科学版），2013，41（4）：283-287.

郑天凌，王斐，徐美珠，等．台湾海峡水域的β-葡萄糖苷酶活性 [J]．应用于环境生物学报，2001，7（2）：175-182.

HJ 494—2009 水质采样技术指导

钟美明．胶州湾海域生态系统健康评估 [J]．青岛：中国海洋大学，2010.

图 目 录

表 目 录